rowohlt
BERLIN

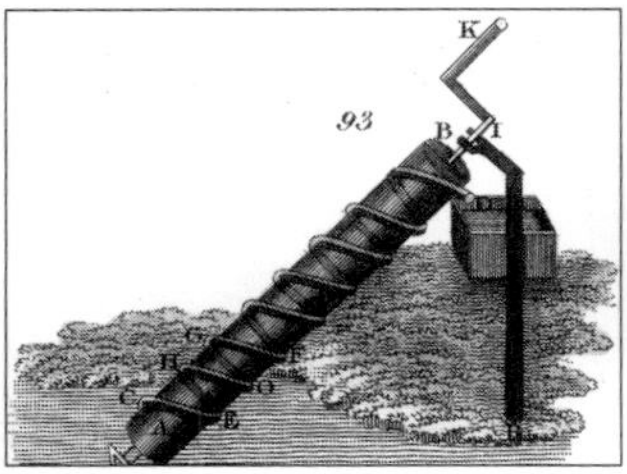
93
K
B

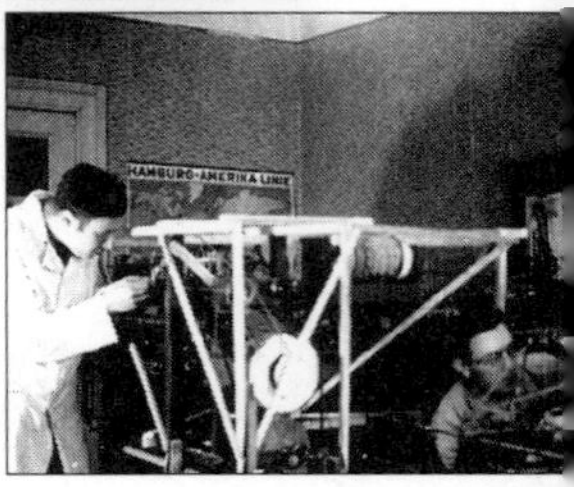
HAMBURG-AMERIKA LINIE

Reinhard Osteroth

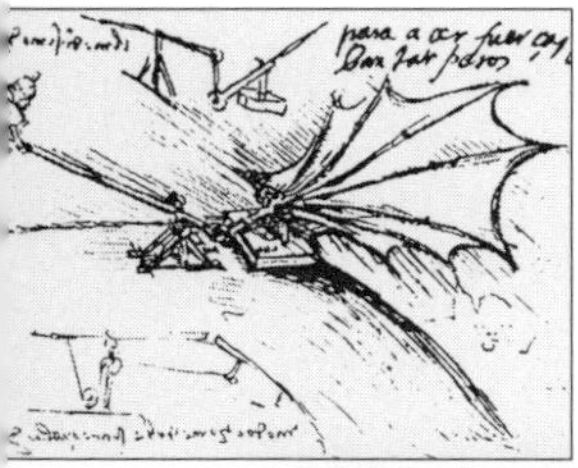

Erfinderwelten

Eine kurze Geschichte der Technik

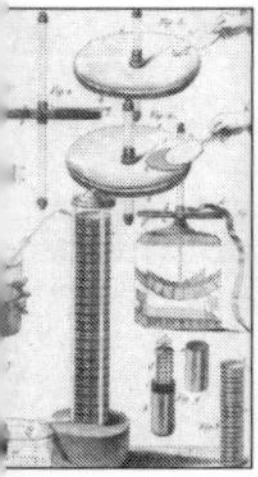

Rowohlt · Berlin

Meiner Mutter,
dem Andenken meines Vaters

1. Auflage Oktober 2008

Einbandgestaltung any.way, Walter Hellmann
(Titelillustration: Walter Hellmann
Foto des Autors: privat)
Satz aus der Swift PostScript (InDesign) bei
KCS GmbH, Buchholz bei Hamburg
Druck und Bindung CPI – Clausen & Bosse, Leck
Printed in Germany
ISBN 978 3 87134 605 7

Inhalt

Einleitung

Die Weltausstellung in Chicago im Jahr 1893 feierte das 400-jährige Jubiläum der Entdeckung Amerikas durch Kolumbus. Den vielleicht schönsten Beitrag zu dieser Ausstellung lieferten mit trockener Ironie die Norweger. Sie schickten ein Boot auf die Reise, die *Viking*, die in nur 27 Tagen den Atlantik überquerte, den Hudson hinauffuhr und über die Großen Seen Chicago erreichte. Kolumbus, nun ja, ein Mann mit Verdiensten, aber an diesem Tag galt der Jubel am Pier den Nachfahren der Wikinger, Kapitän Magnus Anderson und seiner Mannschaft. Sie erinnerten mit ihrer Fahrt an ihren ruhmreichen Vorfahren Leif Erikson, den Sohn Eriks des Roten, der schon lange vor Kolumbus, kurz nach dem Jahr 1000, von Grönland aus in die Neue Welt gesegelt war.

Die *Viking* war der exakte Nachbau eines Wikingerschiffes, das man dreizehn Jahre zuvor, im Sommer 1880, entdeckt hatte. Unweit der heutigen Stadt Sandefjord hatte man auf dem Anwesen Gokstad einen großen Grabhügel abgetragen, er war fünf Meter hoch und maß über vierzig Meter im Durchmesser. Unter Lehm und Sand fanden die Archäologen das guterhaltene Schiff, auf dem Hinterdeck die Reste einer Grabkammer, das Skelett eines Mannes sowie zahlreiche Grabbeigaben. Das restaurierte Gokstad-Schiff steht heute im Wikingerschiff-Museum in Oslo. Zusammen mit dem Oseberg-Schiff und dem Tuneschiff dokumentiert es eindrucksvoll die Schiffsbaukunst der Wikinger. Skandinavisches Design, schon damals.

Jedes Problem hatte eine nahezu perfekte handwerkliche Lösung gefunden. Die ins 9. Jahrhundert zu datierenden Schiffe waren ohne Schwachstellen. Und in Details, etwa der Verzurrung der Bordplanken an den Spanten, erkannten die

Forscher die Handschrift einer «Schule» von Schiffbauern. Das Wikingerschiff war eine Erfindung über Generationen handwerklicher Meister hinweg. Eine folgenreiche Erfindung: Die formschönen Geräte konnten Angst und Schrecken verbreiten. Überraschend erschienen die nordischen Seefahrer an fremden Küsten und gingen auf Raubzug. Sie kamen schnell, machten Beute und verschwanden schnell. «Strandhagg» nannte man diese Attacken, und mancher Chronist schilderte sie entsetzt als Strafgericht Gottes. Die Wikingerschiffe ermöglichten eine bis dahin unbekannte Mobilität. Sie waren hochseetüchtig und fuhren unter Segeln. Aufgrund ihres geringen Tiefgangs ließen sich aber auch flache Küstengewässer und Flüsse mit ihnen befahren. Mit wenigen Handgriffen konnte ihr Mast umgeklappt werden. Dann waren sie wendige Ruderboote, in denen sich 30 Krieger in die Riemen legten. Und auch ein Transport der Boote über kurze Landstrecken war möglich.

Die Erfindung der Wikingerschiffe veränderte die europäische Welt. Vom Ende des 8. Jahrhunderts bis zur Mitte des 11. Jahrhunderts währte die Expansion der skandinavischen Seefahrer. Auf den Britischen Inseln, in Friesland, im nördlichen Frankreich, im Baltikum, auf Wolga und Dnjepr, im Kaspischen und Schwarzen Meer, aber auch im Mittelmeer kreuzten sie auf, als Räuber, Händler und Siedler. Die Faröer, Island und Grönland und schließlich Neufundland wurden entdeckt und besiedelt.

Von technischen Erfindungen und wie sie die Welt veränderten soll in diesem Buch erzählt werden. Aber auch davon, wie die Erfinderwelten selber sich im Lauf der Zeit gewandelt haben. So wird sich dem Leser auf den folgenden Seiten die allmähliche, sich im 19. Jahrhundert dramatisch beschleunigende Entstehung der technischen Welten erschließen, die uns heute umgeben und unser tägliches Leben bestimmen – eine kurze Geschichte der Technik, der Werkzeuge, Geräte und Maschinen des Menschen von den Anfängen bis hinein ins 21. Jahrhundert. In biographischen Porträts werden einige der wichtigsten Erfinder vorgestellt, ihre Arbeiten, ihre Abenteuer am Objekt, ihre Leidenschaften, kurz: ihr Lebenswerk und das, was daraus werden sollte. Auch von den wirtschaftlichen, sozialen, kulturellen und politischen Entwicklungen wird die Rede sein, von denen sie abhingen, auf die sie reagierten, die sie inspirierten, ohne die ihr Werk gar nicht denkbar gewesen wäre und die sie selbst wiederum beeinflussten, ja bisweilen fundamental veränderten. Erfinderwelten sind mehr oder weniger kleine Reiche der konstruktiven Freiheit und Phantasie, in ihnen wird Neues erdacht, und doch sind sie umgrenzt von Einschränkungen und Notwendigkeiten, die über den Erfolg oder Misserfolg der Ideen entscheiden können. So etwa die finanziellen Möglichkeiten eines Erfinders und seine gesellschaftliche Stellung, die in der Vergangenheit viel rigoroser als in unseren Tagen über die Ausbildung entschied. Daher findet sich denn auch keine die Technikgeschichte prägende Frauengestalt in diesem Buch. Lange war den Frauen, ob durch Gesetz oder gesellschaftliche Konvention, der Zutritt zur Welt der Technik, zu den Werkstätten und Universitäten, verwehrt. Noch weniger als in der Geschichte der Naturwissenschaften haben Frauen in der Geschichte der technischen Innovationen ihren Platz erobern können. Das ändert sich, heute, in naher Zukunft, mit Sicherheit.

Von den Erfindern ohne Namen wie den Schiffsbauern der Wikinger bis zum Erfinder als Volksheld wie Thomas Alva Edison reicht das Spektrum, von den handwerklich geschulten Praktikern wie Johannes Gutenberg bis zu den Forschern im Labor wie Alessandro Volta, von seltsamen Einzelgängern wie dem «Gumminarren» Charles Goodyear bis zu Organisatoren und Unternehmern wie Werner von Siemens.

Die plötzliche Eingebung, der bloße Zufall, die systematische Suche, der lange Irrweg und die rettende, ja erlösende Idee, diese Motive werden uns immer wieder begegnen. Mit einem kleinen, genialen Eingriff in die Technikgeschichte verwandelte der Feinmechaniker James Watt die Dampfmaschine in eine Kraftquelle für die Industrialisierung. Ein Theorem der Thermodynamik, das ihn seit seiner Studienzeit beschäftigte, trieb Rudolf Diesel zur Erfindung eines neuen Motors. Und immer wieder der Streit um Patente, um den Lohn für all die Mühe und um die Ehre, der Erste gewesen zu sein. Häufig lagen Erfindungen einfach in der Luft, und irgendwo saß ein Konkurrent, der ebenfalls kurz vor dem «Heureka!» stand.

Vorwiegend auf Europa und Nordamerika konzentriert sich dieses Buch. Das ist kein Zufall. Hier entstand aus der fortwährenden Wechselwirkung von Wissenschaft und technischer Anwendung die moderne Industriegesellschaft, in der die schiere Zahl der Erfindungen wuchs und wuchs. Was davon in der Praxis sich durchsetzte, was in Wirtschaft und Alltag bestimmend wurde, das schuf Fakten und drängte sich unwillkürlich in den Vordergrund. Die Geschichte der Technik scheint mit innerer Folgerichtigkeit abzulaufen. Aber so einfach ist es wohl nie gewesen und wird es auch in Zukunft nicht sein. Das hat mit scharfem Blick schon der Naturforscher Goethe festgestellt: «Gar vieles kann lange erfunden, entdeckt sein, und es wirkt nicht auf die Welt; es kann wirken und doch nicht bemerkt werden, wirken und nicht ins Allgemeine greifen. Deswegen jede Geschichte der Erfindung sich mit den wunderbarsten Rätseln herumschlägt.»

Muskelkraft und Werkzeugbau
Technik von den Anfängen bis zu Antike und Mittelalter

«2001: Odyssee im Weltraum», Stanley Kubricks legendärer Science-Fiction-Film, beginnt mit einer Vorgeschichte aus der Urzeit. Irgendwo in der afrikanischen Savanne hockt ein Affe vor dem Skelett eines Tieres. Aus dem ebenso missmutigen wie zufälligen Spiel mit dem Knochenhaufen entsteht wie von magischer Hand ein Gedanke. Der Primat ergreift einen der größeren Knochen und hält ihn hoch. Dann schlägt er zu. Haut wieder und wieder auf den Knochenhaufen, Staub und Splitter flirren durch die Luft. Man muss das wohl auf großer Leinwand sehen, um die Szene zu erfassen. Kubrick erzählt die Erfindung des Werkzeugs als eine Geschichte vom Kaputtmachen, das erste Werkzeug ist bei ihm ein Schlaginstrument, eine Waffe. Und mit dem Knochen in der Hand wird der findige Affe zum unbestrittenen Anführer einer ganzen Horde. Der erste Überfall mit der neuen Waffe lässt der gegnerischen Horde keine Chance. Der Triumphator wirft sein tödliches Werkzeug in die Luft, und der kreisende Knochen verwandelt sich per Filmschnitt in ein kreisendes Raumschiff.

Das griechische Wort *techné* bezeichnet das Handwerk, den sinnigen Umgang mit den Händen und den Werkzeugen, die der Mensch in Händen hält. Zerstörung und Aufbau, der Mensch hat's in den Händen. Und darum hat er schon immer gewusst. Die berühmten Höhlenmalereien von Lascaux und Garas in Frankreich zeigen nicht nur ganze Scharen von Tieren, an den Felswänden finden sich auch zahlreiche Abbildungen der menschlichen Hand. Dabei haben die Höhlenmaler schon vor etwa 20 000 Jahren ihre Hände als Schablonen genutzt und die Farbe, Ocker, Rot, bisweilen Schwarz, rund um die auf den Fels gelegte Hand aufgetragen, ja sogar aufgesprüht, vielleicht direkt aus dem Mund, vielleicht aus einem mit Farbe gefüllten hohlen Knochen. Man kann jedenfalls kaum umhin, in den vorzeitlichen Graffiti auch Zeichen einer gewissen Schaffensfreude zu sehen.

Nach und nach schuf sich der Mensch die Geräte, die er brauchte. Schon der erste Hominide, der Homo erectus, hat zahlreiche Spuren der Kunstfertigkeit hinterlassen und war wohl wesentlich weiter entwickelt als lange vermutet. Im Harzvorland, in einem Tagebau zwischen Schöningen und Helmstedt, fanden Archäologen gar eine aufsehenerregende Jagdszene. Zahlreiche Pferdeschädel schabten sie frei, 400 000 Jahre alt. Der eigentliche Clou des Fundes: Die Holzspeere der urzeitlichen Jäger lagen ebenfalls gut erhalten im Boden, bewusst gestaltete Fichtenstäbe, der Schwerpunkt im vorderen Drittel. Bei Wurfversuchen mit exakten Nachbauten zeigten sich erstaunliche Flugeigenschaften. Die Holzspeere waren auch für Dickhäuter gefährliche Geschosse.

Im Jungpaläolithikum, der jüngeren Altsteinzeit, die vor gut 35 000 Jahren begann, füllte sich dann der Werkzeugkasten des Homo sapiens. Der Faustkeil bekam Verstärkung, die Steinklingen wurden länglicher und gleichmäßiger. Mit Schabern ließen sich Felle säubern, eine Vielzahl von Messern, Sticheln und Bohrern erlaubte die Bearbeitung von Knochen, Geweihen, Elfenbein und Tierzähnen. Die Nadel wurde erfunden, Werkstücke wurden zersägt, geschliffen und poliert, und mehr und mehr Geräte aus Holz kamen in Gebrauch. Die Funde der Archäologen im gesamten eurasischen Raum belegen für diese Zeit erstmals eine weite Verbreitung bestimmter Formen von Werkzeugen, die immer aufwändiger, teils kunstvoll angefertigt wurden; sie nehmen Gestalt an, folgen einer «Idee», sie sehen aus wie Gedanken, die man in die Hand nehmen kann. Viele Forscher schließen daraus auf einen anderen Prozess von ungeheurer Tragweite. Sie vermuten, dass Herstellung und Gebrauch der praktischen Alltagshelfer nur möglich waren, weil der Mensch begonnen hatte, die Sprache zu entwickeln.

Noch immer waren die Menschen Jäger und Sammler. Vor etwa 10 000 Jahren aber setzte ein Prozess ein, der die Menschheitsgeschichte auf eine neue Bahn lenkte: Der Mensch wurde sesshaft, errichtete Siedlungen und betrieb Ackerbau und Viehzucht. Damit begann ein Wechselspiel unterschiedlicher, sich gegenseitig bedingender und fördernder Entwicklungen. Die Getreide Emmer und Einkorn wurden angebaut, in Vorderasien und im Nahen Osten schon vor rund 10 000 Jahren. Aus einfachsten Ackergeräten entstand die Idee für den ersten Pflug. Der Mensch hielt sich bald eine Reihe tierischer Hausgenossen: Hund, Schaf und Ziege, dann auch Rinder, Schweine, Kamele und Pferde. Irgendwann wurde der erste Ochse vor den Pflug gespannt. Über die eigentlichen Ursachen der Sesshaftwerdung rätseln die Forscher noch immer. Diese Lebensweise brachte nicht nur Vorteile. Die Abhängigkeit von einer erfolgreichen Ernte war groß, Jäger und Sammler konnten Naturkatastrophen besser ausweichen und holten sich ihre Nahrung mit geringerem Arbeitsaufwand. Dennoch war der Tisch bei den Sesshaften wohl reicher gedeckt, nichts hinderte sie, weiterhin zu sammeln und zu jagen, Ackerbau und Beutezug zu kombinieren. Jedenfalls wurde die neue Art des Wirtschaftens zum Erfolgsmodell und verbreitete sich über die ganze Welt.

Zwei Schlüsseltechniken entstanden ebenfalls in diesen Jahrtausenden. Ton wurde geformt und im Feuer, bald darauf in Brennöfen, gehärtet. Die sesshafte Lebensweise hatte den Bedarf an Gefäßen und Behältern erhöht, die Töpferei wurde ein eigenständiges Gewerbe. Im Zweistromland zwischen Euphrat und Tigris war bereits um 3600 v. Chr. die Töpferscheibe in Gebrauch, zum Glück für die Archäologen wurde die Keramik schon wenig später zur Massenware. Mindestens ebenso wichtig war die Technik der Metallverarbeitung. Mit den ersten Kupferfunden begann der neugierige Umgang mit einem Material, das ganz andere Eigenschaften hatte als Gestein, es war weicher, formbar und doch widerstandsfähig. Zunächst wurden wahrscheinlich Schmuck und Kultgegenstände daraus gemacht, aber auch für die Bearbeitung des Bodens wie für die Herstellung anderer Werkzeuge wurde es verwendet. Bald suchte man nicht mehr nur über Tage nach Metallen, sondern förderte Kupfer, Blei, Zinn, Eisenerz aus der Erde. Und wie die Töpfer steckten die Metallurgen ihr Material in die Öfen, allerdings nicht, um es zu härten, sondern um es zu schmelzen, zu reinigen und zu gießen. So geriet die Menschheit auf den Weg in die arbeitsteilige Gesellschaft. Neben und in den Siedlungen entstanden Werkstätten von Spezialisten, in deren Öfen mit Blasebalg und Holzkohle die Temperatur auf über 1000 Grad getrieben wurde.

Wer solche Temperaturen erzeugen konnte, der entwickelte früher oder später auch eine gewisse Souveränität im Umgang mit dem Material. Und begann zu experimentieren: Die Mischung von neun Teilen Kupfer und einem Teil Zinn ergab im 3. Jahrtausend v. Chr. eine Legierung, nach der eine ganze Epoche der Menschheitsgeschichte benannt wurde, die Bronze. Das neue Metall hatte verführerische Eigenschaften. Sein Schmelzpunkt lag bei unter 1000 Grad, es ließ sich sehr gut gießen und war wesentlich härter als reines Kupfer. Ob für Schmuck, Waffen oder Werkzeug – Bronze wurde zum allseits begehrten Material. Dagegen war das Eisen zunächst von geringerer Bedeutung. Vermutlich entwickelten die Hethiter um 1500 v. Chr. erstmals eine Methode, es zu bearbeiten. Aber erst nach und nach setzte es sich in anderen Kulturen durch. Sein Schmelzpunkt liegt bei über 1500 Grad. Die Verhüttung von Eisenerz ergab kein flüssiges Metall, sondern ein von Schlacke durchsetztes Gemisch, aus dem dann erst das Eisen ausgehämmert werden musste. Dieses Eisen war kohlenstoffarm und sehr weich. Lange blieb es im Vergleich zur Bronze das mindere Material. Möglicherweise deuten die Anfänge der Eisenverarbeitung darauf hin, dass in den entsprechenden Gebieten Kupfer knapp geworden war.

Über die Jahrtausende war der Mensch zum handwerkenden Erfinder geworden, aus der Benutzung primitiver Werkzeuge war die Technik entwickelter Gesellschaften entstanden, und im fruchtbaren Zweistromland zwischen Euphrat und Tigris sowie am Nil entwickelten sich die ersten Hochkulturen. Der tonige Lehm im Schwemmland Mittel- und Südmesopotamiens wurde noch in ganz anderer Hinsicht zum Kulturträger. In kleine, feuchte Lehmtafeln drückten die Sumerer mit Griffeln ihre keilförmigen Schriftzeichen. Die Erfindung der Schrift vollzog sich im 3. Jahrtausend v. Chr., die Vielzahl bildlicher Zeichen wurde zu einem Silbensystem von einigen hundert Zeichen reduziert, und um die Mitte des 2. Jahrtausends entstand eine alphabetische Schrift aus dreißig Keilzeichen. Sumerische Keile, ägyptische Hieroglyphen, der Mensch dokumentierte sein Leben.

Ägypten war ein «Geschenk des Nils», so lautete schon die bewundernde Formel des griechischen Historikers Herodot, denn in jedem Frühjahr brachte die große Flut Wasser und nährstoffreichen Schwemmsand in die trockene Wüste. Ägypten wurde zur Kornkammer und aus der Feldarbeit eine systematisch organisierte Landwirtschaft, die uns in vielen bildlichen Darstellungen überliefert ist. Wir sehen Männer, die den einfachen ägyptischen Pflug ziehen, eine Holzstange mit einer Schar aus gehärtetem Holz, später aus

Bronze, oder Rinder als Zugtiere nutzen. Mit hölzernen Sicheln wurde das Getreide geerntet und dann in einfachen Reibemühlen gemahlen. Über diese Arbeitsgeräte hinaus entwickelten die Ägypter eine Vielzahl neuer Techniken und Fertigkeiten. Um Land zu bewässern, das die Nilflut nicht erreichte, baute man Wasserhebegeräte. Herodot beschrieb, wie die Ägypter die Geometrie einsetzten, um die alljährliche Landvermessung durchzuführen. Außerdem entstanden städtische Siedlungen, Zentren der unterschiedlichen Gewerbe, auch sie über unterirdische Kanäle vom Nil versorgt. Gelehrte, Künstler und Architekten gehörten zur ägyptischen Gesellschaft – und die ersten stolzen Erfinder, die namhaft in Erscheinung treten. Um 1500 v. Chr. rühmt sich der Astronom Amenemhat auf seiner Grabinschrift, eine Wasseruhr gebaut zu haben. Die Sonnenuhr hatten die Ägypter schon von den Babyloniern kennengelernt.

Solange aber das Nilhochwasser noch auf den Feldern stand, war kein Ackerbau möglich. Da galt schon im Alten Reich die ganze Arbeit und Mühe dem Bau der Pyramiden. Unter dem Pharao Cheops (2551 bis 2528 v. Chr.) wurde das größte Bauwerk der Antike errichtet, 230 Meter Seitenlänge und 147 Meter Höhe. Die Pyramiden waren Grabmale der Pharaonen, Zwischenstationen auf dem Weg ins jenseitige Leben. In einem ägyptischen Text heißt es: «Eine Treppe zum Himmel ist für den Pharao gebaut worden, auf dass er auf ihr zum Himmel emporsteigen möge.» Als Mumie mit Salben und Binden wie verpuppt, im schützenden Holzsarg verkapselt, wurde der Pharao schließlich in feierlicher Prozession in die schützende Steinmasse gebettet.

Auf dem Nil brachten Schiffe riesige Blöcke aus Kalk, Granit und Basalt aus den Steinbrüchen heran. Heerscharen von Sklaven und Arbeitern transportierten sie auf Kufen und Rollen zur Baustelle, wo Steinmetze die Blöcke bearbeiteten. Die behauenen Blöcke wurden dann auf einer Rampe, die im Laufe der Jahre höher und höher wuchs, mit bloßer Muskelkraft hinaufgeschoben und -gezogen. Je näher man der Vollendung kam, desto quälender wurde die Arbeit. Nach Zehntausenden zählten die Männer, die für das Seelenheil ihres Pharaos schufteten. Man hat Grabstätten der Pyramidenarbeiter gefunden und konnte die Deformation ihrer Wirbelsäulen studieren. Ob Zwangsarbeit unter der Knute staatlicher Aufseher, ein gemeinschaftliches Huldigungswerk für die Götter oder irgendwas dazwischen – um diese unvorstellbaren Strapazen zu organisieren, war eine hochentwickelte Bürokratie erforderlich. Der Bau der Pyramiden markiert die Erfindung der Logistik.

Mit der hochentwickelten Gesellschaft der Ägypter kamen seit dem 7. Jahrhundert v. Chr. die Griechen in Kontakt. Unter dem Pharao Amasis (570–526) wurde Naukratis im westlichen Nildelta zu einem bedeutenden griechischen Handelsstützpunkt. Schriftliche Quellen und archäologische Funde belegen auch einen intensiven Austausch zwischen den Griechen und den Kulturen des Alten Orients, etwa den Phöniziern, denen die Griechen ihr Schriftsystem verdanken. Auf den Handelsrouten des Mittelmeers verbreitete sich auch technisches Wissen. Seit dem Beginn des 6. Jahrhunderts entstehen in Griechenland die ersten prächtigen Tempelbauten, und in den griechischen Stadtstaaten setzt eine vermehrte und ehrgeizige Bautätigkeit ein.

Die Griechen entwickelten viele Techniken und Gerätschaften weiter, die sie anderswo kennengelernt hatten. Das gilt nicht nur für die Architektur, sondern beispielsweise auch für die Wasserversorgung der Städte, die Anlage von Häfen, den Schiffsbau und natürlich für Bergbau und Metallverarbeitung.

Dennoch ist die technische Welt der Antike durchaus noch beschränkt. Durch die Mechanik potenzierte sie die Muskelkraft der Menschen und Tiere. Wind- und Wasserkraft wurden noch lange Zeit so gut wie nicht genutzt. Der römische Ingenieur und Autor Vitruv gibt noch in augusteischer Zeit, also kurz vor der Zeitenwende, eine bezeichnende Definition von Maschine und Werkzeug. Der Unterschied ist quantitativ, Werkzeuge «erfüllen durch die fachmännische Bedienung durch *eine* Arbeitskraft den Zweck, dem sie dienen sollen», Maschinen dagegen zeigen ihre Wirkung «durch *mehrere* Arbeitskräfte, gleichsam durch größeren Einsatz von Kraft». Und Arbeitskräfte, das bedeutete vor allem: Sklaven. Ob aber die Verfügbarkeit von Sklavenarbeit die technische Entwicklung hemmte, darüber sind die Meinungen der Historiker geteilt.

Viele der Erfindungen dieser Zeiten sind keine nie gesehenen Neuheiten. Es gab Vorbilder aus anderen Kulturen, und oft entstanden neue Erfindungen aus dem handwerklichen Erfahrungsschatz, aus der Tüftelei vieler Erfinder an derselben Sache, zu unterschiedlicher Zeit, in anderen Regionen. So liegt es wohl keineswegs nur am Mangel an Quellen, dass wir von den meisten Erfindungen nicht wissen, von wem sie stammen. Doch das sollte sich ändern. Griechen und Römer begannen, ihre herausragenden Architekten, Ingenieure und Erfinder – meist waren es zugleich Mathematiker beziehungsweise Geometriker, die Wissenschaft und Technik verbanden – namentlich zu rühmen. Der legendärste unter ihnen wurde Archimedes, dessen Ruf «Heureka!» bis heute den genialen Einfall verkündet: «Ich hab's gefunden!» Archimedes bestimmte das spezifische Gewicht der Stoffe und überführte so der Legende nach einen betrügerischen Goldschmied. Und in der Badewanne sitzend – glauben wir es mal –, erkannte er eines Tages das Prinzip des hydrostatischen Auftriebs. Grund genug, nackt auf die Straße zu rennen und «Heureka!» zu rufen.

Archimedes wurde etwa 287 v. Chr. in Syrakus geboren

und diente dem dortigen Tyrannen Hieron II. vor allem als Konstrukteur für Kriegs- und Belagerungsgeräte, darunter Brennspiegel, mit denen die Segel feindlicher Schiffe entzündet werden konnten. Er beschrieb eine Methode, mit der sich die Kreiszahl Pi bestimmen ließ, maß und errechnete das Volumen von Kegeln und Kugeln, entdeckte die Integralrechnung, formulierte die Hebelgesetze und erfand den Flaschenzug. Die sogenannte Archimedische Schraube wird ihm zugeschrieben. Das schöne Gerät zum Wasserheben wurde im Acker- und Bergbau eingesetzt: Im Inneren eines Rohres drehte sich eine Schnecke und schraubte das Wasser auf ein höheres Niveau. Dasselbe Prinzip, die aufgewickelte schiefe Ebene, wurde später für den Bohrer genutzt. Seinem-

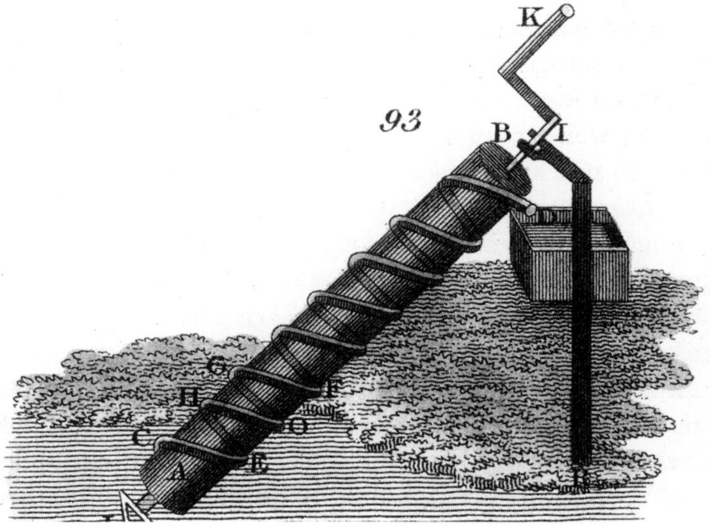

Schon in Ägypten wurde im Ackerbau die Archimedische Schraube genutzt, um Wasser zu heben. Die ersten Geräte bestanden aus Stämmen, die mit Weidenruten umwickelt und mit Latten ummantelt waren. Größere Höhenunterschiede, zum Beispiel im Bergbau, wurden überwunden, indem man mehrere Schrauben aneinanderreihte.

König gegenüber soll Archimedes sein stolzestes Wort gesagt haben: «Gib mir einen festen Punkt, und ich werde die Erde in Bewegung setzen!» Damit gab er das Zeichen zum Stapellauf eines riesigen Dreimasters, wie von Geisterhand zogen Flaschenzüge das Schiff zu Wasser. Vielleicht war er auch der erste Erfinder, der sich selbst so zu inszenieren wusste.

Ein Meister der Geometrie war auch Euklid. In Alexandria war Archimedes einst sein Schüler. Alexandria, die von Alexander dem Großen im 4. Jahrhundert v. Chr. gegründete prächtige Stadt am Delta des Nil, war innerhalb kürzester Zeit nicht nur zur Metropole des Handels und der Seefahrt, sondern auch zu einer Hochburg der Gelehrsamkeit und Wissenschaft geworden. Den Weg in den Hafen wies ein Weltwunder, der 130 Meter hohe Leuchtturm; erst im 14. Jahrhundert brachten Erdbeben ihn zu Fall. In der Bibliothek von Alexandria waren Literatur und Weltwissen der damaligen Zeit auf einer runden halben Million Papyrusrollen versammelt. Alexandria zog Wissbegierige von überall her an. Aristarch von Samos entwarf hier als Erster das heliozentrische Weltbild, nach dem die Erde um die Sonne kreist und nicht umgekehrt. Eratosthenes von Kyrene berechnete den Umfang der Erde, Konon von Samos stellte eine Theorie der Kegelschnitte auf, Herophilos von Chalkedon begründete die Praxis des Sezierens menschlicher Leichname. Und mit Ktesibios und Heron erlangten in Alexandria zwei technische Erfinder Berühmtheit.

Ktesibios schuf eine Reihe von Geräten, die mit Wasser- und Luftdruck funktionierten. Neben Archimedes gilt er als der bedeutendste Konstrukteur von Kriegsmaschinen. Bekannt wurden seine Wasseruhr, seine Wasserorgel und sein Wasserdruckwerk, ein Gerät, mit dem sich Wasser in die Höhe fördern ließ; auch als Feuerspritze war es zu verwenden. Ktesibios nutzte den Luft- und Wasserdruck aber auch für reizvolle Spielereien, für Automaten wie singende Amseln und tanzende Tiere.

Heron von Alexandria, er lebte im 1. Jahrhundert n. Chr., konstruierte ebenfalls allerlei Automaten. Dabei nutzte er den Wasserdampf als Antrieb. Sein Heronsball blieb eine Spielerei – und war doch ein zukunftsweisender Einsatz thermischer Energie: Eine mit Wasser gefüllte Metallkugel wurde über dem Feuer erhitzt; durch Düsen entwich der Dampf und ließ die Kugel rotieren. Er entwarf ein mechanisches Theater, bei dem sich die Türen eines Tempels durch die Dampfkraft öffnen sollten. Heron schrieb Bücher über angewandte Geometrie, über Mechanik und alle wichtigen Werkzeuge und Maschinen, von Keil und Schraube bis zu Kran, Flaschenzug und Hebewerk.

Eine Reihe derartiger Werke entstand damals, sehr genau in den Beschreibungen, die durchaus als Lehrbücher und Bauanleitungen genutzt werden konnten. Zu den bekanntesten gehören Vitruvs «Zehn Bücher über die Architektur». Vitruv war Techniker und Konstrukteur für Cäsar und Augustus. Und anders als der Titel seines Werks vermuten lässt, handelt es sich dabei um ein umfangreiches römisches Technikbuch. Neben Bemerkungen über das Bauholz, zur Anlage von Wasserleitungen, Gräben und Brunnen stehen Beschreibungen des Weltalls und der Planeten, Anleitungen zum Bau eines Taxameters, von Katapulten und anderen Belagerungsmaschinen. Es waren Schriften wie diese, die in der Renaissance, vermittelt über arabische Gelehrte, wiederentdeckt werden sollten.

Alexandria wurde wie Athen ein Vorbild der Stadtplanung, der städtischen Infrastruktur, nach dem in der Zeit der späten Republik und der Kaiserzeit die Welthauptstadt Rom zu einer modernen Metropole ausgebaut wurde. In ihrem gesamten Weltreich verbreiteten die Römer eine Kultur des Bauens, die mit Pracht und Proportion ihren Herrschaftsanspruch repräsentierte und zugleich die angenehme Seite des Lebens feierte. Besonders die Wasserversorgung in den römischen Städten war wegweisend. Es gab Bäder und Brunnen, öffentliche Toiletten mit Marmorsitzen und Wasserspülung. Ein Netz aus Kanälen durchzog die Städte, und das Frischwasser führten die Römer über große Entfernungen heran. Die Aquädukte gehören zu ihren wohl anmutigsten und imposantesten Bauwerken. Auf diesen Brücken leiteten sie das Wasser über Täler. Der Pont du Gard, 49 Meter hoch, mit einer Spannweite von 275 Metern, versorgte die Stadt Nîmes. Das dreigeschossige Bauwerk ist ein Monument der römischen Kunst des Bogenbaus. Schon die Etrusker verwendeten den Bogen bei Stadttoren und Brücken, doch die Römer hatten es in der neuen Technik seit dem 2. Jahrhundert v. Chr. zur Meisterschaft gebracht. Dabei half ihnen ein neuer Baustoff: *opus caementicium*, Mörtel.

Bogen und Gewölbe revolutionierten die Formensprache der Architektur. Das Kolosseum in Rom, das unter Kaiser Vespasian 79 n. Chr. entstand, ist das bekannteste Bogenbauwerk der Römer. Ein formvollendetes Stadion für 50 000 Zuschauer, Arena für Gladiatorenkämpfe, die unter dem Motto «Brot und Spiele» inszeniert wurden. Es imponierte aber nicht nur durch Größe und Gestaltung; insbesondere die unterirdischen Katakomben machten das Gebäude zu einem hochtechnisierten Bauwerk. Wie aus dem Nichts, per Aufzug, erschienen die Kämpfer, Raubtiere und Streitwagen in der Mitte des Stadions zur Belustigung des Kaisers und der Massen.

Mit dem Bogen wurden die Bauwerke luftiger und leichter. Das liebten die Römer und begeisterten sich auch für ein ganz anderes, sehr zerbrechliches Material, das Glas. Um die Mitte des 1. Jahrhunderts v. Chr. war in Syrien die Glasmacherpfeife erfunden worden. Die Kunst des Glasblasens erleichterte die Herstellung von Glasgefäßen aller Art.

Wo immer im Römischen Reich Quarzsand entdeckt wurde, entstanden bald Glaswerkstätten. So auch in Colonia Agrippina, in Köln also, wo heute im Römisch-Germanischen Museum die prächtigen Trinkgefäße aus römischer und spätantiker Zeit zu bestaunen sind. Faszinierende Möglichkeiten eröffneten sich den Architekten, als es gelang, farbloses Glas und damit auch Fensterglas zu produzieren. Mehr denn je konnten sie nun, mit Bögen und Glas, das Licht in ihre Gebäude einlassen.

Die technischen Welten des Mittelalters unterschieden sich nicht grundsätzlich von denen der Antike. Handwerkliche Techniken, städtische Bauten und Ausstattung der Häfen, vieles finden wir wieder, teils ohne Veränderung, teils als Weiterentwicklung. Verloren ging jedoch die antike Stadttechnik, die mittelalterlichen Städte waren eng und voller unangenehmer Gerüche. Auch dem römischen Straßenwesen hatte das Mittelalter lange nichts Vergleichbares entgegenzusetzen. Viele Landesherren kümmerten sich wenig um Ausbau und Pflege von Straßen und Wegen, die zudem noch von marodierenden Räuberbanden und verarmten Rittern heimgesucht wurden. Besser war die Situation nur da, wo die Klage der Kaufleute endlich doch gehört wurde und wichtige, wertvolle Güter befördert werden mussten.

So vielfältig und kleinteilig die weltliche Ordnung im Mittelalter war, so schuf doch die Kirche mit all ihren Institutionen und ihrer Bürokratie eine ganz Europa überwölbende Einheit. Der Papst, der Bischof von Rom, war Haupt und Fundament der Christenheit, Stellvertreter Gottes auf Erden und im Verein mit seinen vielen Kirchenfürsten gewissermaßen auch oberster Bauherr Europas. Die imposantesten technischen Errungenschaften waren daher nicht zufällig die Kirchenbauten, mit denen die mittelalterlichen Architekten, Steinmetze, Zimmerleute und Glaskünstler ihr Können unter Beweis stellten. Die Kathedralen überragten die Städte, dokumentierten den Machtanspruch der Kirche – und ihren Reichtum. Diese Bauten waren Großprojekte, die sich über Jahrzehnte erstreckten. Immer kühner wurden die Konstruktionen aus Pfeilern und Streben, sie führten den Blick nach oben und inszenierten den Einfall des Lichtes. Auch die mittelalterlichen Fachwerkbauten zeugen von der Gediegenheit und Reife, die handwerkliche Techniken damals erreichten. Doch unter der strengen Beobachtung der Zünfte war das Handwerk mehr an die Tradition überlieferter Techniken gebunden als auf die Entdeckung neuer Methoden und ehrgeizigen Wettbewerb ausgerichtet. Immerhin kann man mit dem Technikhistoriker Helmuth Schneider auch auf einige Neuerungen des Mittelalters verweisen. So ermöglichte etwa die Nockenwelle, die die Rotation der Wasserräder in eine Hin-und-her-Bewegung umsetzte, den Antrieb einer Reihe neuer Maschinen. Mit ihnen ließen sich Erze zerkleinern oder Blasebälge betreiben. Wind- und Wassermühlen verbreiteten sich und nutzten statt der Muskelkraft endlich konsequent Naturkräfte. Eine Neuheit der mittelalterlichen Mechanik war die Uhr, die durch den Zug eines Gewichtes angetrieben wurde. Und in der Landwirtschaft gelang mit der Einführung der Dreifelderwirtschaft ein wichtiger Fortschritt.

Die Ausweitung des Handels, die sich im Laufe des Mittelalters vollzog, ist beachtlich. Den Kaufleuten der Hanse etwa stand seit dem Ende des 12. Jahrhunderts ein neuer Schiffstyp zur Verfügung, der die Ladekapazität verzehnfachte. Die breitbäuchige Hansekogge war im Schnitt etwa 30 Meter lang und sieben Meter breit und doch schnell und wendig. Die neue Bauweise der Schiffe, möglicherweise durch im Fachwerkbau erfahrene Zimmermannsleute angeregt, machte Schule und sicherte der Hanse für lange Zeit die Vorherrschaft im Ostseehandel. Und in der Mitte des 15. Jahrhunderts erschien mit dem Krawel ein noch größerer Schiffstyp, ein Dreimaster, der über 400 Tonnen laden konnte. In den Städten der Hanse dokumentierten herrliche Rathäuser den durch den Handel entstandenen Reichtum.

Die enge Nachbarschaft der Kaufleute und Händler und des alten Handwerks machte die reichen Handelsstädte in ganz Europa zu Zentren neuer technischer und wirtschaftlicher Entwicklung. Die noch an die strengen Gewerberegeln der mittelalterlichen Zünfte gewohnten Handwerker stießen hier auf weitgereiste Unternehmer, die nicht nur Waren, sondern auch neue Ideen mitbrachten. So wurden die Städte gewissermaßen zu Laboratorien eines neuen Zeitalters. Auch unter Tage begann die Arbeit am Fortschritt. Mitte des 15. Jahrhunderts setzte der systematische Abbau der Erze im Harz, im Erzgebirge, im Thüringer Wald und in den Alpen ein. Die Erfindung der Wasserkunst erlaubte es, tiefe Stollen ins Gestein zu treiben. Mit der Entwässerung der Stollen durch ein Räderwerk mit Eimerketten ließen sich mehr Vorkommen erschließen denn je zuvor. Wegen Überflutung verlassene Gruben konnten wieder geöffnet werden. Da fand man denn auch noch mehr von dem Blei, das Johannes Gutenberg und seine Nachfolger für den Guss ihrer Lettern benötigten.

Aufbruch in neue Welten

Nur sechs Jahre liegen zwischen den zwei großen Entdeckungsreisen, die wir mit dem Aufbruch in die Zukunft und dem markanten Abschied vom Mittelalter verbinden. 1492 segelte der Genueser Christoph Kolumbus über den Atlantik, um im Auftrag der spanischen Krone den Westweg nach Indien zu erschließen. Er fand stattdessen Kuba, Hispaniola, auf seiner zweiten Reise die Kleinen Antillen und Jamaika. Sein Irrtum über die Größe des Globus und seine wagemutige Fahrt führten zur Entdeckung eines neuen Kontinents. Und 1498 erreichte der Portugiese Vasco da Gama nach einer zehnmonatigen Fahrt um das Kap der Guten Hoffnung den Indischen Ozean und landete in Calicut an. Dieser Seeweg brach das Monopol arabischer Zwischenhändler, Lissabon wurde zur Hauptstadt des europäischen Orienthandels, Venedig, Genua und die Hansestädte verloren an Bedeutung. Spanien und Portugal wurden die wichtigsten Handelsmächte.

Die großen Fahrten eröffneten das Zeitalter des Kolonialismus. Die Gier nach Gold und Silber, schon bald auch nach Zuckerrohr, Baumwolle und Tabak, trieb Spanier und Portugiesen zu ihren kriegerischen Eroberungen in Südamerika. Die Reiche der Azteken, Maya und Inka fielen schnell und blutig. Aber aus technischer Sicht basieren die Weltfahrten auf dem Wissen und Können der mittelalterlichen Welt. Nicht neue, bahnbrechende Erfindungen machten diese Reisen möglich, sondern der bahnbrechende Gebrauch dessen, was man kannte und hatte. Zwar gab es mit der schnellen und wendigen Karavelle, meist einem Dreimaster, einen neuen Schiffstyp, aber das nautische Instrumentarium, mit dem man den neuen Kurs gen Westen bestimmte, war älter, war mittelalterlich. Der Kompass war seit dem 13. Jahrhundert in Gebrauch, etwas später kamen Astrolabium und Quadrant dazu.

Der Aufbruch in neue Welten ist keineswegs ein schneller, forscher Riesenschritt aus dem dunklen Mittelalter in die helle Neuzeit. Nichts könnte das besser illustrieren als die drei Erfindungen, die zu Recht als die Impulsgeber des neuen Zeitalters gelten: der Magnetkompass, das Schießpulver und der Buchdruck.

Den Chinesen nutzten die Eigenschaften des Magnetsteins bereits seit dem 11. Jahrhundert als Schiffskompass. Nach Europa kam er durch den Kontakt mit den Arabern, und im 14. Jahrhundert gehörte er in der Seefahrt fast schon zum Standard. Bis weit ins 16. Jahrhundert aber hielt sich der Aberglaube, Zwiebeln und Knoblauch würden die Wirkung des Magnetsteins zerstören. Nicht gerade ein früher Sieg des prüfenden Experiments und wissenschaftlichen Geistes.

Das Schießpulver, genauer das Schwarzpulver aus Salpeter, Kohle und Schwefel, wurde im 8. Jahrhundert ebenfalls in China erfunden. Das europäische Rezept soll um 1320 der in Paris lehrenden Bertoldus Niger, Berthold Schwarz, herausgefunden haben, zufällig, wie es oft und wenig überzeugend heißt. Vorerst blieb das Schwarzpulver vor allem ein Sprengmittel. Aber in der Mitte des 16. Jahrhundert gibt es dann mit der Arkebuse und wenig später der Muskete zwei kampftaugliche Feuerwaffen, unmittelbare Vorläufer der Gewehre. Schnell folgten immer bessere Zündmechanismen.

Der Buchdruck, den Johannes Gutenberg erfinden sollte, ist schon für sich genommen eine ganz eigentümliche Kombination aus mittelalterlichem Handwerk und modernem Unternehmergeist. Die neue Technik war entscheidend für das anbrechende Zeitalter der Renaissance.

Die Renaissance, die Wiedergeburt der Antike, das war nämlich insbesondere die Wiederentdeckung der griechischen und römischen Autoren, der Dichter, der Philosophen, der Mathematiker und Naturforscher. Viele ihrer Schriften wurden durch die Vermittlung arabischer Gelehrter jetzt neu zugänglich, vollständig und unverfälscht, nicht durch die Brille mittelalterlicher Theologen getrübt, manches gar erstmalig. Aristoteles und Platon, Euklid und Lukrez – zur Renaissance gehört die Sammelleidenschaft, die Suche nach immer neuen Texten. Aristoteles war schon der Hausphilosoph der christlichen Scholastik gewesen und als solcher bekannt und anerkannt. Seine Schriften über die Natur jedoch konnten nun ganz neu entdeckt werden. Der kritischen Überprüfung bestehender Wahrheiten aber war die neue Lektüre der antiken Gelehrten keineswegs nur förderlich, die frisch entdeckten Denker wurden im Handumdrehen zu neuen Autoritäten, die man lange nicht zu hinterfragen oder korrigieren wagte. So hielt sich beispielsweise bis 1528 die Lehre des Aristoteles über die Bewegung von Flugkörpern. Eine Kanonenkugel flog demzufolge in gerader Linie aus dem Rohr, immer weiter, immer weiter, bis die Impulskraft erschöpft war. Dann sollte sie angeblich kurz auf eine Kreisbahn einschwenken, um dann senkrecht nach unten zu plumpsen. Niccolo Tartaglia erhob dagegen Einspruch und erkannte, dass die Erdanziehungskraft den Flug der Kugel von Beginn an beeinflusst.

Doch nicht nur die Schriften von Euklid, Archimedes, Heron und Vitruv wurden herausgegeben. Im 15. und 16. Jahrhundert entstanden auch zahlreiche Abhandlungen und Lehrbücher, in denen das praktische Wissen der Zeit erstaunlich offen ausgebreitet wurde. Viele Kenntnisse, die vorher nur innerhalb der Zünfte weitergegeben wurden, konnte jetzt jedermann nachlesen. Ballistik, Bergbau und Befestigungswerk, was man weiß, was man wissen sollte; die Bücher der schreibenden Techniker funktionierten wie eine Fernuniversität.

Metallverarbeitung im 16. Jahrhundert nach Lazarus Erckers «Beschreibung allerfurnemisten mineralischen Ertzt- und Bergwercksarten». Im Brennofen (4) wird das Erz (3) geschmolzen, mit Blasebalg (5) und Heronsball (6) das Feuer angefacht.

Insbesondere die norditalienischen Städte wurden zu Werkstätten des Fortschritts. «Männer ohne Gelehrsamkeit», so nannten sich ebenso provokativ wie selbstbewusst die Handwerker, Architekten, Künstler, Mechaniker und Ingenieure und wehrten sich gegen den Hochmut und das

Überlegenheitsgefühl der strengen, reinen Wissenschaftler, die sich ausschließlich im Bezirk der Theorie aufhielten. «Mechanikus», das sollte nicht länger ein herabsetzendes Schimpfwort sein. Die bloße Berufung auf alte Schriften, die ungeprüfte Übernahme ehrwürdiger Theorien – dieser Art Gelehrsamkeit fühlte man sich überlegen. Der Philosoph Giordano Bruno pries das Vermögen der menschlichen Hand und ihrer Arbeit. In nahezu allen Disziplinen bahnte sich ein neues Verhältnis von Theorie und Praxis an. Eine von Neugier, genauer Beobachtung und nüchterner Analyse beherrschte Atmosphäre entstand in diesen Jahrzehnten, ein grenz- und fächerüberschreitendes Selbstbewusstsein. Und zu jenen «Männern ohne Gelehrsamkeit» gehörte auch Leonardo da Vinci.

Der Mechaniker des Lächelns

Leonardo da Vinci und die Anatomie der Maschinen

«Wenn ein Mensch einen Pavillon hat, zwölf Ellen breit und zwölf hoch, wird er sich aus jeder Höhe herunterwerfen können, ohne Schaden zu nehmen.» So, als wollte er den übermütigen Ikarus, den Sohn des Dädalus, der mit seinem künstlichen Gefieder der Sonne zu nahe gekommen und ins Meer gestürzt war, nachträglich noch retten, notierte Leonardo seine Idee für einen Fallschirm, dazu eine kleine, schnell hingeworfene Skizze. Unzählige solcher Entwürfe finden sich in den Blättern seines Nachlasses, ein Kosmos mechanischer Geräte, praktisch, verspielt oder todbringend. Er war Maler und Mechaniker. Er hat das wohl berühmteste Gemälde der Welt hinterlassen und dazu eine Fülle von Geräten konstruiert, die erst Jahrhunderte später gebaut werden sollten, wie den Helikopter oder ein vollautomatisches Grillgerät.

Maler und Mechaniker. Dieses «und» markiert keine trennende Grenzlinie, eher eine Tag für Tag beschrittene Brücke innerhalb seiner Erfinderwelt. Wie ein Übervater aller Erfinder erscheint er, forschend in seiner Malerei, mit ästhetischem Anspruch in seinen mechanischen Skizzen. Das Handwerk der Malerei machte er zu einer Wissenschaft vom Leben, die Mechanik der Antike und des Mittelalters montierte er in lustvoller Kombinatorik zu einer visionären Maschinenwelt.

Vinci, ein kleines Nest in der Toskana, liegt unweit von Florenz. Hier wurde Leonardo 1452 geboren, als unehelicher Sohn eines Notars und eines Bauernmädchens. Vasari, sein erster Biograph, berichtet von der Schönheit des Knaben, von seiner Stärke und seinem gewinnenden Wesen. Und von seinem ersten Gemälde, der Darstellung eines schrecklichen Drachen auf einem Schild. Dafür habe Leonardo Eidechsen, Schlangen, Schmetterlinge und Fledermäuse erlegt und eine Collage frei nach der Natur geschaffen. 1469 nahm ihn sein Vater mit nach Florenz, und Leonardo begann dort seine Lehrzeit als Maler. Sechs Jahre blieb er in der Werkstatt des berühmten Verrochio.

Andrea del Verrochio war Maler, Bildhauer, Goldschmied und Hoflieferant der Medici – ein umfassend gebildeter Mann, der Leonardo einen genauen Blick auf die Welt lehrte. Nicht nur die Zusammensetzung der Farben und die Eigenschaften der Metalle lernte er in Verrochios Werkstatt kennen, sondern auch die Gesetze der Optik und die Regeln der Perspektive. Und das Lächeln: Verrochio verlieh vielen seiner Figuren diese feinen, belebten Züge um den Mund, die sein Schüler dann zum Markenzeichen seiner Porträtkunst machen sollte.

In den Florentiner Werkstätten vollzog sich zur damaligen Zeit ein bedeutender Wandel der künstlerischen und technischen Arbeit. Handwerker wie Künstler eigneten sich die theoretischen Wissenschaften und die Grundlagen der Mathematik an und erschlossen sich so neue Möglichkeiten. Mit der Entdeckung der Zentralperspektive in der Malerei entwickelten die Künstler ein neues Selbstverständnis. Ihr reiches Erfahrungswissen, ihre Kenntnisse der Holz-, Stein- und Metallbearbeitung, all das sollte die gleiche Wertschätzung erhalten wie die reine Theorie und das verehrte Bücherwissen. Verrochios Werkstatt war ein Ort dieser allgemeinen Erneuerung. Und Leonardo sollte schon bald ihr Großmeister werden.

Das genaue Studium des menschlichen Körpers gehörte bei Verrochio zur Ausbildung seiner Schüler. Er nahm sie mit in anatomische Vorlesungen und ließ sie auch selbst Leichname sezieren. Unter Rückgriff auf die Lehren des antiken Mediziners Galen studierte man jetzt die Organe und spekulierte über ihre Funktionen und ihr Zusammenspiel.

Leonardo las Galens Werk und begab sich immer wieder in die «Gesellschaft der Zerstückelten und Enthäuteten». Etwa dreißig Sektionen soll er durchgeführt haben. Die Anatomie war ihm bald schon mehr als ein bloßes Hilfsmittel für die Malerei, sie offenbarte den Bau der Welt: «Der Mensch wird von den Alten eine Welt im Kleinen genannt, und diese Bezeichnung ist richtig gewählt. Denn so wie der Mensch aus Erde, Wasser, Luft und Feuer zusammengesetzt ist, ebenso auch der Körper der Erde. Wenn der Mensch in sich Knochen besitzt, die Stützen seines Fleisches sind, so hat auch die Erde das Gestein als Stützen der Erdmassen. Wenn der Mensch in seinem Inneren einen Blutsee trägt, an dem die Lunge beim Atmen wächst und abnimmt, so hat der Körper der Erde das ozeanische Meer, das gleichfalls wächst und abnimmt, alle sechs Stunden, wenn die Erde atmet.» Kunst und Wissenschaft waren ihm ein und dieselbe Sache.

1482 verließ Leonardo Florenz und ging nach Mailand, an den Hof des Lodovico Sforza. Lorenzo de Medici ließ ihn ziehen, sein Hang zur bildenden Kunst war nicht ausgeprägt genug, um das Genie seines Untertans zu erkennen. So waren es wohl eine mäßige Auftragslage und die geringen Aussichten bei Hofe, die Leonardo forttrieben.

In seinem Bewerbungsschreiben für Ludovico Sforza stellt er die Malerei ganz nach hinten und rühmt sich der Kriegsgeräte, die er konstruieren könne: «Eine Vielzahl von Rammböcken. Eine Methode, Festungen zu zerstören, die auf einem Felsen gebaut sind. Eine Art Bombardement, das Schauer von kleinen Steinen schleudert und dessen Rauch den Feind in Schrecken versetzt.» Zu friedlichen Zwecken bot er Gebäude, Wasserleitungen und Skulpturen an und endete: «... auch malen kann ich so gut wie irgendein anderer.» Das Schreiben zollte mit der neuen Rangordnung seiner Talente dem Regenten von Mailand Tribut. Ludovico hatte sich mit List und Tücke die Herrschaft über Italiens reichste Stadt gesichert. Anders als in Florenz herrschte in Mailand eine eher nüchterne Atmosphäre. Wissenschaft und Apparatebau wurden hier höher geschätzt als die Kunst und theologisch-philosophische Weltbetrachtung. Für Leonardo war das allenfalls eine Schwerpunktverlagerung. Mehr als zuvor füllte er seine Blätter nun mit technischen Skizzen und komponierte aus Rädern, Hebeln und Schrauben seine mechanischen Welten.

Er zeichnete Wurf- und Schleudermaschinen in immer neuen Varianten. Eine Riesenarmbrust mit einer Spannweite von 42 Armlängen – über zwanzig Meter! – auf einem Fahrwerk mit sechs Rädern sollte die Durchschlagskraft ins Ungeheure treiben. Viele seiner Entwürfe beschäftigen sich mit Feuerwaffen. Um deren Schussfolge zu erhöhen, erdachte er eine «Geschützorgel». In drei Lagen übereinander oder auch fächerförmig ordnete er die Kanonenläufe zu Paketen: Laden, Zünden und Abkühlung in schneller Folge. Aber Leonardo verfolgte den Flug der Geschosse auch ganz grundsätzlich und wurde zum Ballistiker. Er erkannte die Bedeutung des Luftwiderstands und entwarf ganz neuartige Projektile: Sie waren stromlinienförmig und hatten kleine Leitwerke. Unter Wasser konnte er ebenfalls tückisch sein; Leonardo erfand ein Bohrsystem zur Durchlöcherung feindlicher Schiffskörper. Die Abwehrmaßnahme lieferte er gleich mit, das Schiff mit doppeltem Boden. Dann wieder perfektionierte er antike oder mittelalterliche Vorläufer, den fiesen römischen Sichelwagen etwa, der mit drehenden Messern in den Feind fahren sollte. Oder den Kampfwagen in Schildkrötenform, ein früher Panzer. Bei Leonardo hocken acht Männer darin und kurbeln ein Zahnradgetriebe. Kräftige Kerle sollten das sein, der Wagen war mit Metallplatten verstärkt und hatte Kanonen an Bord.

Doch neben die Erfindungen für den Krieg traten viele für den Frieden. Der Hof verlangte nach spielerischen Einfällen für Feste, Umzüge und Darbietungen auf der Bühne. Noch in der Florentiner Zeit konstruierte er seinen *carro semovente*, einen sich selbst bewegenden Karren. Benito Mussolini, dem Duce des italienischen Faschismus, hatte es dieses erste «Automobil» der Weltgeschichte besonders angetan. Als «Fiat des Leonardo» wollte er es für seine nationale Propaganda einspannen. Doch die damaligen Nachbauten nach Leonardos Zeichnung bewegten sich keinen Zentimeter. Erst in den siebziger Jahren kam der Leonardo-Experte Carlo Pedretti dem Rätsel auf die Spur. Der *carro semovente* war durchaus keine Fehlkonstruktion. Zusammen mit einem amerikanischen Robotikingenieur las er Leonardos Zeichnung neu und entwarf ein dreidimensionales Computermodell. Danach wurde der Wagen so gebaut, wie Leonardo ihn vor über 500 Jahren entworfen hatte. Angetrieben von einem Federmechanismus, setzte er sich tatsächlich in Bewegung.

In größeren Dimensionen dachte Leonardo als Stadtplaner. Nachdem Mailand wie viele andere Städte Italiens 1484 und 1485 von Pestepidemien heimgesucht worden war, entstand der Gedanke, die Stadt neu zu ordnen und so die Verbreitung der Pest einzuschränken. Leonardo wollte so richtig aufräumen und plante rigoros: Das Leben der Mailänder sollte auf zwei Stockwerken stattfinden, sozial geschichtet: «Auf den oberen Straßen sollten keine Fahrzeuge fahren; sie sollten für den Gebrauch der Herren reserviert sein. Und durch die unteren Straßen sollten die Fuhrwerke und Schubkarren und die Dinge fahren, die vom Volk benutzt werden.» Das war gewissermaßen die Erfindung der Fußgängerzone. Mit bemerkenswerter Weitsicht schlug er zudem den Bau unterirdischer Kanäle vor. Er entwarf Schleusentore und einen schwimmenden Schaufelbagger zur Beseitigung von Schwemmsand. Durch eine Umleitung des Arno wollte er Florenz einen Zugang zum Meer verschaffen. Leonardo bot Flossenhandschuhe an, dazu einen Taucheranzug und ein Atemgerät. Detailliert zeichnete er die Ventile für die ein- und ausströmende Luft. Kein Ende, es gibt fast nichts, was Leonardo nicht entworfen hätte: Drehkräne, Brennspiegel, Münzprägestöcke, Musikinstrumente, Windmühlen, Treträder, Schleifmaschinen und Drehbänke.

1499 erobern die Franzosen Mailand, Ludovicos Herrschaft ist beendet. Nach fast zwanzig Jahren verlässt Leonardo die Stadt. Es verschlägt ihn nach Mantua und Venedig. 1502 wird er Militäringenieur beim wohl berüchtigtsten aller Renaissance-Fürsten, Cesare Borgia. Nicht sehr lange hält es ihn da, 1503 kehrt Leonardo in die Stadt seiner Anfänge zurück, nach Florenz. In diesen Jahren widmet er sich besonders seinen Studien zum Vogelflug und der Konstruktion von Flugmaschinen. Zahlreiche Skizzen entstehen, Flügel mit Gelenken nach dem Vorbild der Natur. Er beobachtet den Flug der Vögel, die Stellung ihrer Flügel beim Landen, und wieder hilft ihm sein Sinn für Analogien: Die «Wissenschaft der Winde erkennen wir anhand der Bewegungen des Wassers, und eine solche Wissenschaft gibt uns den Maßstab für das Verhalten von Flugkörpern in Luft und Wind.» Dann zeichnet er Flügel an etliche Gestelle. Wir müssen das Bild nur vervollständigen: Schräg liegt ein Pilot im Gerüst und tritt in die Pedale, die Flügel bewegen sich, und der Apparat steigt in die Luft. So belebte Leonardo den alten Traum vom Fliegen und stellte sich zwischen Dädalus und Otto Lilienthal.

Nie hat er die Malerei zur Seite geschoben, und auch als Maler blieb er Forscher, ein Perfektionist der Oberflächen. Den Lichteinfall etwa untersuchte er an Kugeln und Zylindern und ging dabei derart systematisch vor, dass wissen-

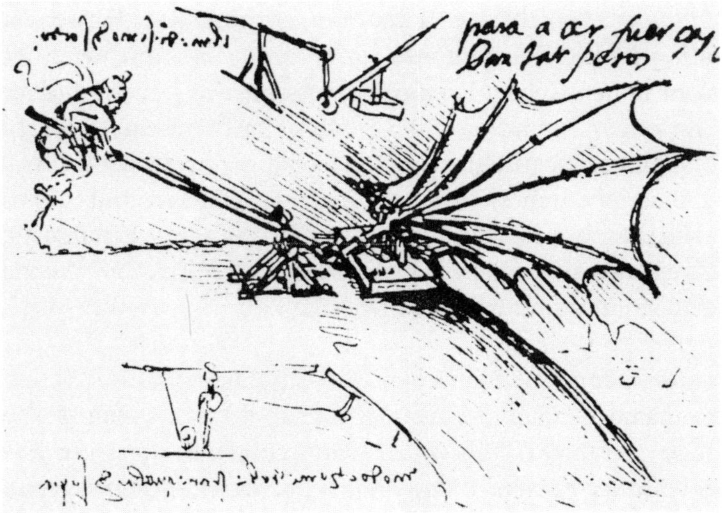

Leonardo studierte immer wieder den Flug der Vögel, beobachtete, wie sie starteten und landeten. Schließlich entwarf er einen Flugapparat. Diese typische Konstruktionszeichnung aus den achtziger Jahren des 15. Jahrhunderts mit Erläuterungen zeigt, wie er als Mechaniker die Natur nachzuahmen versuchte.

schaftliche Neugier für ihn mindestens ebenso wichtig gewesen sein muss wie praktische Anwendbarkeit. In einer Passage seines Traktats über die Malerei hat Leonardo wiederum seine ganze, geradezu überbordende Weltlust in Worte gefasst. Da wird der Mensch zum Schöpfer zweiter Instanz: «Die Göttlichkeit, die der Wissenschaft des Malers innewohnt, bewirkt, dass sich der Geist des Malers zur Ähnlichkeit mit dem göttlichen Geist emporschwingt, denn er ergeht sich mit freier Macht in der Hervorbringung mannigfaltiger Tiere, Pflanzen, Früchte, Landschaften, Gefilde, Bergstürze, angstvoller und schauriger Orte, die den Schauenden mit Schrecken erfüllen, und ebenso gefälliger Gegenden, anmutig und ergötzlich durch buntfarbig blühende Wiesen, die ein linder Windhauch zu sanften Wellen beugt, die dem entfliehenden Luftstrom nachschauen; Flüsse, die mit vollen, von Regenflut hoch angeschwollenen Gewässern vom hohen Gebirg herniederkommen, entwurzelte Bäume vor sich her wälzend, mit Steinblöcken, Wurzeln, Erde und Schaum untermischt, und alles, was sich ihrem Sturz entgegenstemmt, mit sich fortreißen. Und das Meer mit seinen Wetterwogen ringt und zerzaust sich mit den Winden im Streit, den diese bieten. Hoch hebt es seine stolzen Wellen und stürzt sie im Falle nieder auf den Sturm, der ihre Masse peitscht.» Die ganze Welt, die Mechanik der Welt.

So visionär seine technischen Zeichnungen sind, seine Gemälde stecken voller Geheimnisse. «Das Abendmahl» bietet bis heute Anlass zu Spekulationen. War es ein Rätselbild der Ketzerei? Warum sitzt Judas so nahe bei Petrus und Johannes? Ist es überhaupt Johannes oder vielmehr Maria Magdalena? Und hat Leonardo in einem der Jünger Jesu nicht den griechischen Philosophen Plato ins Bild geholt? Vor seinem berühmtesten Gemälde aber stehen wir, so hat es der französische Schriftsteller Theophile Gautier gesagt, «wie ein Schuljunge vor einer Herzogin»: Leonardos Gemälde der Lisa Gioconda ist zum Bild der Bilder geworden. Er hat die «Mona Lisa» bis zu seinem Tod nicht aus der Hand gegeben. Was er immer suchte, den Punkt der Belebung, hier wird er zum Ereignis. Leonardo triumphiert als malender Mechaniker des Lächelns.

Tausende von Skizzen, Entwürfen und Konstruktionszeichnungen hat Leonardo hinterlassen. Seine Vielseitigkeit, seine Universalität sind berühmt. Er legte ein Blatt zum anderen, konnte sie wohl selbst nicht mehr überblicken. Nur einmal strebte er nach einer ordnenden Gesamtschau: Dass er sein Wissen über die Malerei in einem Traktat zusammenfassen wollte, ist die Ausnahme von der Regel. Gutenbergs Erfindung des Buchdrucks – längst schon wurde sie rege genutzt – scheint ihn so sehr nicht fasziniert zu haben. Der italienische Linkshänder blieb in seinen Texten oft karg und kryptisch, skribbelte sie gar wie ein Geheimnistuer in Spiegelschrift zwischen seine Zeichnungen. Veröffentlichung, ein Fremdwort für ihn. Und doch ist er die Lichtgestalt einer Übergangsperiode hin zum Zeitalter der wissenschaftlichen Revolutionen im 17. Jahrhundert, von Galileo Galilei bis Isaac Newton.

Seine letzten Jahre verlebte Leonardo in Frankreich, wohin ihn der französische König Franz I. eingeladen hatte. Er starb 1519. Zu seinen letzten Arbeiten gehört eine Serie von Zeichnungen über den Untergang des Kosmos. Ein würdiges Thema für seinen Abschied von dieser Welt.

Die Beschleunigung der Bibel

Johannes Gutenberg und die Erfindung des Buchdrucks

Aus seinem Leben ist wenig bekannt, selbst sein vermutliches Geburtsjahr, 1400, wurde nur aus den Akten eines Prozesses erschlossen. 1468 starb er, das ist sicher überliefert. Henne, Hengin oder Henchen lautete sein Vorname in Mainzer Mundart, Gensfleisch sein Familienname. Der Vater war wohl im Tuchgeschäft tätig und gehörte zur städtischen Oberschicht der Patrizier. Erst als die Familie den Hof zum Gudenberg in der Mainzer Schustergasse bezog, findet sich der Name Henchen zu Gudenberg, aus dem schließlich Johannes Gutenberg werden sollte. Eine amerikanische Jury hat ihn zum Jahrtausendmann erkoren. Vor Christoph Kolumbus, der Amerika entdeckte, vor Martin Luther, der die Kirche erschütterte, vor William Shakespeare, der die Welt auf die Bühne brachte. Für Victor Hugo, den französischen Schriftsteller, war der Buchdruck «das größte Ereignis der Geschichte», Gutenbergs Erfindung galt ihm als «Mutter allen Umsturzes, eine Erneuerung menschlicher Ausdrucksmittel von Grund auf». Und Georg Christoph Lichtenberg, der Göttinger Physiker und Gelehrte, stellte die Beweglichkeit der Lettern entschieden über die der Heere: Mehr als das Blei aus den Gewehrläufen habe «das Blei in den Setzkästen die Welt verändert».

Im Jahr 1411 gab es in Mainz heftigen Streit zwischen den Zünften und den Patriziern, die ihre Steuer- und Zollprivilegien nicht aufgeben wollten. 117 von ihnen verließen die Stadt, darunter Friele (Friedrich) Gensfleisch mit seiner Familie. Vermutlich zogen sie nach Eltville. Für das Jahr 1418 findet sich eine Matrikel der Universität Erfurt, ein «Johannes de Alta villa» studierte dort. Das könnte der junge Gutenberg gewesen sein. 1420, nach dem Tod des Vaters, stritt er mit seinen Geschwistern gegen eine Stiefschwester um das väterliche Erbe. Dann verliert sich seine Spur. Erst 1434 taucht er wieder auf: Johannes Gutenberg ist jetzt in Straßburg. Mindestens zehn Jahre bleibt er in der freien Reichsstadt, der führenden Handelsstadt am Oberrhein, wo gerade in diesen Jahren der nördliche Turm des berühmten Münsters vollendet wurde. Mit 25 000 Einwohnern war Straßburg eine große Stadt. Man pflegte Handelsbeziehungen zu Oberitalien und Südfrankreich, zu Augsburg, Nürnberg und Prag. Einige bedeutende Betriebe der Papierherstellung waren hier ansässig.

Es sind wiederum Gerichtsakten, aus denen wir recht verlässliche Auskünfte über Gutenberg bekommen. Mit mehreren Teilhabern hatte er eine Gesellschaft gegründet, um die Herstellung von Wallfahrtsspiegeln zu finanzieren. Diese praktischen Geräte aus einer Blei-Zinn-Legierung wurden an Pilger verkauft, die damit den heiligen Schein einzufangen hofften, der angeblich von Reliquien ausging. Weit interessanter als der Streit um die Einlage eines Teilhabers ist Gutenbergs Übereinkunft mit den anderen. Er hatte sich verpflichtet, sie in «sin künste und afentur» einzuführen, ihnen also sein Know-how preiszugeben. Seine Bedingung: Alle verpflichteten sich zum Stillschweigen. Verständlich, so etwas wie Patentschutz gab es damals nicht. Ein Drechsler war mit dem Bau einer Presse beauftragt, der Einkauf von Blei war vereinbart, von Formen ist die Rede («literae formatae»), und ein Goldschmied hatte über 100 Gulden erhalten für alles, «daß zu dem trucken gehöret». Obendrein besaß einer der Teilhaber eine Papiermühle außerhalb der Stadt. «Eine Papierpresse zur Buchdruckerpresse weiterzuentwickeln», schreibt der Gutenberg-Forscher Stephan Füssel, «wäre ein logischer und nachvollziehbarer Schritt gewesen.»

Eine weitere wichtige Anregung für Gutenberg könnten die exzellenten Straßburger Glockengießer gegeben haben, die mit Einzelgussformen arbeiteten, um die Glocken mit Aufschriften zu versehen. So bekommt Gutenberg in Straßburg für uns mehr und mehr Kontur. Sein handwerkliches und technisches Talent geht einher mit kaufmännischem Kalkül und organisatorischem Geschick. Aber zunächst einmal benötigte er selbst viel Geld für die Arbeit an seiner Idee.

Gutenberg wird 1448 wieder in Mainz sichtbar, wo er bei einem Vetter eine Anleihe von 150 Gulden aufnimmt. Dann findet er einen neuen Geschäftspartner. Johannes Fust leiht ihm im Jahr darauf 800 Gulden und 1453 noch einmal dieselbe Summe. Das war viel Geld, für 1600 Gulden hätte man drei ansehnliche Bürgerhäuser kaufen können. Gutenberg baut mit diesem Geld eine Werkstatt auf.

Wie lassen sich Gutenbergs Erfindung und seine Arbeitsweise charakterisieren? Er ist ganz Handwerker, er baut sich alle Werkzeuge und Gerätschaften so, wie er sie braucht, um die Buchstaben auf das Papier zu bringen. Neu war das Drucken ja keineswegs, weit fortgeschritten war diese Kunst in China und Korea. Gutenberg vervollkommnete systematisch jeden Arbeitsschritt und konnte das Drucken schließlich zum seriellen Vorgang machen.

Weg vom Holzblock, in den der zu druckende Text im Ganzen geschnitten wurde, hin zum einzelnen Buchstaben, das war Gutenbergs entscheidende Grundidee. Er entwickelte ein Handgießinstrument zur schnellen und exakten Herstellung der Typen. Von allen Schriftzeichen fertigte er erhaben und seitenverkehrt eine «Patrize» aus hartem Metall. Die wurde in Kupfer geschlagen und ergab so eine «Matrize», eine negative Form. Dorthinein goss er eine Legierung aus Blei, Zinn, Antimon und Wismut – fertig war die Letter. Sie musste nur noch auf präzise Länge gebracht werden und konnte dann Zeile für Zeile, Kolumne für Kolumne zu einer Druckseite zusammengesetzt werden.

Für seine neuen Lettern musste Gutenberg eine neue Druckfarbe entwickeln. Zähflüssig genug musste sie sein, damit sie auf den Typen haftenblieb, und sie sollte einigermaßen schnell trocknen. Er entschied sich für eine Emulsion aus Leinölfirnis und Ruß, mit Beimischungen von Terpentin, Harzpech, Zinnober, Vitriol und Schellack. Wie bei der Legierung für die Lettern, lässt sich auch bei der Zusammensetzung der Farbe leicht erahnen, wie unendlich viele Versuchsreihen nötig waren, um die beste Variante zu finden. Mit einem Druckerballen – einem mit Pferdehaaren gefüllten Ledersäckchen – wurde die Farbe aufgebracht. Dann wurde das Papier angefeuchtet, damit die Poren sich öffneten, in den Pressdeckel gelegt und auf den Druckstock mit dem Letternsatz geklappt. All das lag auf einem Wagen, der jetzt unter die Druckplatte der Presse, den sogenannten Tiegel, geschoben wurde. Mit hohem Druck senkte sich der Tiegel und presste das Papier auf den Letternsatz. Fertig. Eine ganze Seite. Verblüffend einfach. Fast möchte man fragen: Warum erst jetzt?

Es gibt eine durchaus plausible Antwort darauf. Gutenberg hat seine Erfindung vielleicht so beharrlich vorangetrieben, weil er einen Missstand und eine Marktlücke entdeckt hatte. Seit dem 14. Jahrhundert wuchs der Bedarf an Schriften aller Art. In den Schreibstuben saßen die Skribenten mit Feder und Fässchen und machten Überstunden. Zuvor hatten meisterhaft schreibende Mönche die Nachfrage befriedigen können. Doch diese Zeit ging nun zu Ende. «Je mehr im Spätmittelalter unter Zeitdruck geschrieben, vor allem abgeschrieben wurde», stellt der Medienwissenschaftler Michael Giesecke fest, «je mehr Menschen zur Feder griffen, die weder über eine gründliche Ausbildung noch über die genügende Muße verfügten, umso unerfreulicher wurde der Anblick der Texte und umso schwieriger ihre Entzifferung.» Mit Sitzfleisch und Handarbeit war der Nachfrage nicht mehr beizukommen. Gutenbergs Drucke, so betonen die Forscher, beweisen durchweg hohe Qualität, es ging ihm um Geschwindigkeit *und* vorbildliches Schriftbild.

Die neue Technik brachte Gutenberg schon nach kurzer Zeit gute Einnahmen. Das Drucken von astronomischen und religiösen Kalendern, Lehrbüchern oder medizinischen Ratgebern wie dem Aderlass- und Laxierkalender half bei der Finanzierung seines berühmtesten Unternehmens: B 42 lautet das Kürzel für das Projekt, mit dem er seine Kunst in großem Maßstab bewies, die Bibel, gesetzt in zwei Kolumnen zu je 42 Zeilen pro Seite. Man vermutet, dass Gutenberg als Vorbild für die Gestaltung seiner Bibel eine Handschrift zum Vorbild nahm. Wie so oft, orientierte sich die neue Technik an der Technik, die sie ablöste; auch die ersten Automobile sahen noch aus wie Pferdekutschen.

Für den Guss der etwa 60 000 benötigten Typen muss man mindestens ein halbes Jahr Arbeit veranschlagen. Allein das Setzen der fast 1300 Seiten dürfte etwa zwei Jahre gedauert haben. Neben den Setzern waren wahrscheinlich zwölf Drucker an sechs Pressen beschäftigt, dazu kamen weitere Hilfskräfte. 180 Exemplare der B 42 wurden aufgelegt, die reine Druckzeit betrug vermutlich gut zwei Jahre. Eine lange Zeit. Und doch eine enorme Beschleunigung. Ein Schreiber brauchte für eine Bibel drei Jahre. 40 Exemplare der B 42 wurden auf dem wertvollen Pergament gedruckt, 140 auf Papier. Allein das Papier muss fast 500 Gulden gekostet haben. Gutenbergs Werkstatt war fast schon eine Fabrik.

Das Drucken der Bibel war ein teures Unterfangen, eine riskante Investition. Als Gutenbergs Geldgeber Fust 1455 auf die Rückzahlung seiner Einlagen drängte, kam es zum Rechtsstreit. Fust gewann den Prozess schließlich, und Gutenberg geriet nun doch finanziell in Bedrängnis. Nur wenige Monate wohl, und er hätte aus den laufenden Geschäften seine Schulden bei Fust begleichen können. So aber kam es, zumindest teilweise, zur Übergabe des Geschäfts an Fust. Mit seinem neuen Partner Peter Schöffer betrieb Fust nun eine Druckerei, 1457 erschien ihr erstes gemeinsames Werk, ein prächtiges Psalmenbuch. Auch Gutenberg fand neue Partner, aber über seine Jahre nach dem Zerwürfnis mit Fust ist nur wenig bekannt.

Schnell entstanden Druckwerkstätten in anderen deutschen Städten. Köln, Nürnberg, Augsburg und Lübeck waren führend. Der Humanist Conrad Celtis schrieb eine Ode auf Gutenberg und frohlockte, mit dem Buchdruck hole man den kulturellen Rückstand gegenüber anderen europäischen Städten auf. Aber schon 1480 wurde in 110 Städten in ganz Europa nach der Methode Gutenbergs gedruckt. Im Jahr 1500 gab es rund 300 Druckerstädte. In dieser Zeit, so wird geschätzt, kursierten knapp 40 000 Titel in zehn Millionen Exemplaren.

Gern druckten die Werkstätten die Ablasszettel, die die Kirche an die Gläubigen zwecks Vergebung der Sünden verkaufte. Nur ein Blatt, ansprechend gestaltet, Leerstelle für die Eintragung des Namens des Sünders, sehr hohe Auflagen, das war lukrativ. Und es ist im Rückblick von besonderer Ironie, war es doch nicht zuletzt dieser Ablasshandel, der den Augustinermönch Martin Luther an seiner Kirche verzweifeln ließ und ihn schließlich nach langem Ringen zum Reformator machte.

Die Reformation trieb den Buchdruck zu neuen Höhen. In einem Standardwerk über die Epoche urteilt der Historiker Heinz Schilling sogar, dass «ohne die erst knapp zwei Generationen alte Erfindung des Buchdrucks die reformatorische Wende kaum den engen Kreis von Theologen und Religio-

Blick in eine Druckwerkstatt um 1580: Links wird der Text gesetzt, in der Mitte hinten wird die Druckerschwärze auf den Letternsatz aufgetragen, rechts der Druck mit der Presse ausgeführt. Der Junge im Vordergrund legt die auf der Leine getrockneten Blätter zu einem Stapel.

sen durchbrochen» hätte. In Wittenberg, dem Zentrum der Reformatoren, gab es auf einmal sieben Druckereien, die nur darauf warteten, dass Luther und seine Anhänger neue Schriften verfassten. Flugschriften kursierten und verbreiteten die religiösen Streitfragen mit bis dahin unbekannter Geschwindigkeit in alle Lande, eine Art Blogging der frühen Neuzeit. Allein 1520 erschienen in hoher Auflage gleich drei berühmte Schriften von Martin Luther: «An den christlichen Adel deutscher Nation», «Von der babylonischen Gefangenschaft der Kirche» und «Von der Freiheit eines Christenmenschen», seine meistgelesene Schrift. Im Jahr darauf wurde Luther auf dem Reichstag zu Worms als Ketzer verurteilt, und seine Bücher wurden zur Verbrennung bestimmt. Aber da waren sie schon in über einer halben Million Exemplaren verbreitet. Luther saß derweil bereits beschützt auf der Wartburg und übertrug die Bibel ins Deutsche. Es war nicht die erste Übersetzung, aber ihre sprachliche Lebendigkeit war bahnbrechend. Die Reformatoren standen im Bündnis mit dem Buchdruck, ihre Botschaft ließ sich nicht mehr eindämmen. Bei der schnellen Verbreitung der Drucke half, dass es kein Urheberrecht gab. Was man in die Hände bekam, druckte man nach. Das Buch war schwer zu kontrollieren, darum erfand man die Zensur.

Das waren die Anfänge der Wissensgesellschaft, der «Gutenberg-Galaxis», wie der amerikanische Medientheoretiker Marshall McLuhan treffend nannte, was der Mann aus Mainz eröffnet hatte. Außer den religiösen Schriften mehrten sich auch prächtige Werke mit Land- und Seekarten, mit Beschreibungen von Tieren und Maschinen. Der Holzschnitt wurde abgelöst vom Kupferstich mit seinen feinen Linien. Die Bücher enthielten nun Abbildungen mit atemberaubend genauen Darstellungen der menschlichen Anatomie. Nicht nur die Seefahrer entdeckten Neuland. Der Mensch war auf ganz neue Weise auf dem Weg in die Welt und zu sich selbst. Johannes Gutenberg hatte das Werkzeug dazu erdacht und gebaut.

Von der ersten Patentverordnung bis zum modernen Experiment

Nicht ohne Stolz verkündeten die Ratsherren von Venedig, der führenden Macht am Mittelmeer, im Jahr 1474 ein neues Gesetz: «Unter uns leben große und geniale Männer, die fähig sind, sinnreiche Vorrichtungen zu erfinden und zu entdecken. Und mehr solcher Männer kommen in Anbetracht der Größe und Kraft unserer Stadt täglich von überall her zu uns. Wenn nun Vorsorge getroffen würde, dass andere, die die von diesen Männern gebauten Vorrichtungen sehen, sie nicht bauen und dem Erfinder seine Ehre nehmen, dann würden mehr Männer ihre Talente anwenden, würden entdecken und Vorrichtungen bauen, die sehr nützlich und vorteilhaft für unser Gemeinwesen sind.» Wer also eine Erfindung gemacht habe, die «so zur Vervollkommnung gebracht ist, dass sie benutzt und betrieben werden kann», solle dies künftig mitteilen und sei dann auf zehn Jahre vor unerlaubten Nachbauten geschützt, auf die eine Strafe von bis zu 100 Dukaten stand.

Das venezianische Patentgesetz zum Schutz der Erfinderehre fand erst viel später Nachahmung, 1623 wurde in England das erste Patentgesetz moderner Prägung erlassen. Patent, das leitet sich ab vom lateinischen *patere* und bedeutet «offenstehen», «offenlegen», «klar sein», «zugänglich sein». Für die Geschichte der Erfindungen sind Patente von enormer Bedeutung. Sie belohnen den Erfinder, indem sie ihn und sein Werk schützen. Gleichzeitig machen sie die Erfindung zugänglich. Wer sie nutzen will, kann eine Lizenz erwerben. Darüber hinaus fördern Patente Weiter- und Neuentwicklungen. Nicht zufällig war es eine See- und Handelsmacht wie Venedig, in der sich die Einsicht entwickelte, welchen Vorteil es brachte, Techniker und erfinderische Handwerker anzuziehen.

Doch man erkannte nicht nur den wirtschaftlichen Wert von Innovationen. Technische Entwicklungen halfen auch, die Welt zu erschließen. 1528 schlug Sebastian Münster vor, ganz Deutschland mit neuen Vermessungstechniken so genau wie möglich zu kartographieren. Von 1569 stammt Gerhard Mercators Weltkarte, die erste winkeltreue Karte. Die neue Projektionsmethode war insbesondere für die Seefahrt von Interesse, da ein konstanter Kompasskurs nun auch auf der Karte als eine gerade Linie erschien. Mercators Lehrer Gemma Frisius hatte 1530 schon sein Buch «Über die Prinzipien der Astronomie und der Weltbeschreibung» geschrieben. Darin schlug er ein Verfahren zur Längenbestimmung vor, die für die Seefahrer nach wie vor ein Problem darstellte. Frisius' Methode beruhte auf einem Vergleich der Hafenzeit, die durch eine mitgeführte Uhr gegeben war, und der lokalen Uhrzeit, die man durch Kompass und Sonnenstand bestimmen konnte. Wichtig wurden neue Vermessungsmethoden aber auch im Bergbau. Ein frühes Standardwerk wurde Georg Agricolas «De re metallica», «Vom Berg- und Hüttenwesen», aus dem Jahr 1556. Darin beschreibt Agricola neben vielen anderen Fragen im Detail die sogenannte Markscheidekunst, mit der man den Verlauf der Stollen unter und über Tage erfassen konnte.

Auf vielen Gebieten arbeiteten Handwerker und Erfinder mit neuen Ideen, und so entstand im Laufe des 16. Jahrhundert eine Fülle von Büchern, die den Stand des Wissens wiedergaben, die Eigenschaften der Materiale erläuterten und die Arbeitstechniken genau beschrieben. Diese Bücher waren reich illustriert und bemühten sich um klare Darlegungen in verständlicher Sprache. *Pirotechnica*, *Glaskunst*, *Bergbüchlein*, alle verband eine neue Art, die Dinge zu betrachten, ein neuer Tonfall. Und alle wandten sich ab vom okkulten

Geraune der Alchimisten; die neuen Pragmatiker wollten keine Geheimniskrämer mehr sein, versprachen kein Gold durch Stoffverwandlung, suchten nicht nach dem Stein der Weisen, sondern nach der besten Lösung, die ihr Gewerbe förderte und Gewinn versprach. Patente Köpfe, deren Ehre nun also in Venedig schon gesetzlich geschützt war.

Das Milieu der Pragmatiker war den Gelehrten, den Wissenschaftlern und Naturforschern, von deren Beobachtungen und Erkenntnissen sie gleichwohl profitierten, in der Abkehr vom Okkulten weit voraus. Ihr Bezirk war die Konstruktion, die Anwendung. Die Forscher dagegen vertieften sich in die Dinge und versuchten, den Phänomenen ihren Platz innerhalb der göttlichen Ordnung zuzuweisen. Sie trugen viele Seelen in ihrer Brust, konnten exakt beobachten und wild spekulieren. Paracelsus, der Mediziner, war damals der vielleicht eigentümlichste Mischcharakter aus Magie und Wissenschaft. Auch der italienische Arzt und Mathematiker Geronimo Cardano, sein Name ist uns heute durch die kardanische Aufhängung geläufig, ist ein unablässiger Experimentator zwischen mittelalterlicher Naturmagie und neuem Forschergeist. Tycho Brahe war der unermüdlichste und genaueste Sternen- und Planetenbeobachter seiner Zeit. Mit ebensolchem Eifer war er der Astrologie und der Alchimie zugetan. Dennoch trug er mit seinen astronomischen Tabellen entscheidend zur Entstehung des modernen Weltbilds bei. 1572 beobachtete Tycho einen Kometen und berechnete seine Entfernung zur Erde. Sein Ergebnis, dass der Komet eindeutig weiter von der Erde entfernt sei als der Mond, führte endgültig zur Abkehr von einem Lehrsatz des Aristoteles. Der antike Philosoph hatte behauptet, dass jenseits des Mondes nichts Vergängliches oder neu Entstehendes zu finden sei, dort herrsche ewige, unveränderliche Vollkommenheit; nur in der sublunaren Welt und auf der Erde gebe es Leben und Sterben. Auch die Kristallsphären, an die nach Aristoteles die Himmelskörper «montiert» waren, konnten nach Tychos neuer Messung des Kometen nicht existieren. Der Komet hatte sie gewissermaßen in tausend Scherben zersplittert.

Gerade in der Astronomie zeigt sich, wie nirgendwo sonst, dass technische Erfindungen einen unmittelbaren Einfluss auf die «reine Wissenschaft» haben konnten: Eine Reihe von optischen Erfindungen half, das heliozentrische Weltbild zu bestätigen, das Nikolaus Kopernikus aufgestellt hatte. Das Prinzip der Lichtbrechung durch Linsen war nicht neu, die Chinesen kannten Sehhilfen schon im 10. Jahrhundert, in Europa gab es sie im 13. Jahrhundert. Der niederländische Linsenschleifer Jan Lippershey erkannte jedoch die Möglichkeit, durch die Linse nicht nur zu lesen, sondern durch zwei Linsen in die Ferne zu schweifen.

Eine Summe dieses so komplexen Aufbruchs zu neuen Welten zog zu Beginn des 17. Jahrhunderts der englische Wissenschaftsphilosoph Francis Bacon, vor allem in seinem Werk «Novum Organum scientarium». Unter dem englischen König Jakob I. war er Lordsiegelbewahrer und Lordkanzler, ehe eine Korruptionsaffäre seine politische Laufbahn beendete. Abgeschieden auf seinem Landsitz saß nun der Baron von Verulam und Viscount von St. Albans und schrieb seine Generalkritik der Wissenschaften. Das Titelkupfer dieses Werks von 1620 zeigt eine stattliche Karavelle, die gerade die Säulen des Herkules durchfährt, also die Grenzen der bekannten Welt passiert, unter dem Motto: «Viele werden hindurchfahren, und das Wissen wird sich vermehren.»

Francis Bacon blickte auf die Vielzahl der Erfindungen, auf ihre Aneinanderreihung, aus der sich Fortschritt und Wohlstand ergeben sollten. Mit den Naturwissenschaftlern des vergangenen Jahrhunderts dagegen war er unzufrieden.

Sie waren ihm zu unordentlich, verwirrend. Bacon wollte einen Schnitt machen, Ordnung schaffen. So wurde er zum auffälligsten und erfolgreichsten Lobredner des wissenschaftlichen Experimentes, das bei ihm per induktiver Methode ganz akkurat, Schluss um Schluss, von der sinnlichen Wahrnehmung bis zur richtigen Theorie fortschreiten sollte. Das Experiment in seinem Sinne war voraussetzungslos. Ausführlich beschrieb Bacon eine Reihe sogenannter *idola*, Trug- und Götzenbilder, die vor Beginn des forschenden Experimentes erst einmal aus dem Weg zu räumen waren, und sein Vorbild für die Forscher waren die handwerkenden Erfinder und Mechaniker, die Techniker. Bacon ebnete mit forscher Feder eine Grenze ein, die seit der Antike bestand. Ihr Wächter hieß Aristoteles, und die Grenze verlief zwischen den reinen Wissenschaften, die die Welt erkennen, und den mechanischen Künsten, die die Welt verändern. Das war eine erneute Aufwertung der «Männer ohne Gelehrsamkeit» und Ingenieure: «Keine Herrschaft, keine Sekte, kein Gestirn hat je größere Macht und größeren Einfluss auf die menschlichen Verhältnisse ausgeübt als diese mechanischen Dinge!»

Bacon prägte die Kurzformel des naturwissenschaftlich-technischen Zeitalters: *natura parendo vincitur* – «indem man ihr gehorcht, besiegt man die Natur». Gehorsam und klammheimlicher Siegeswunsch, kürzer lässt sich der künftige Zwiespalt von Naturerkenntnis und Naturbeherrschung kaum formulieren.

Dass auch Bacons schöne, aufgeräumte Welt des Wissens begrenzt war, bewies schon sein berühmter Zeitgenosse Galileo Galilei. Er postulierte Experimente nicht nur, er machte sie, und dabei verzichtete er keineswegs auf Vermutungen, Hypothesen, also Theorie. Ob Planetenbewegungen, Fallversuche oder Pendelschwingung – Galilei war den ersten sinnlichen Eindrücken gegenüber misstrauisch, sah von vielem ab, wollte gerade wieder hinter die Phänomene schauen. Der entscheidende Wegbereiter des physikalischen Experimentes hielt sich nicht an Bacons Anweisungen. Allerdings nicht um der Spekulation willen, sondern auf der Suche nach Naturgesetzen. So weisen beide, Bacon und Galilei, voraus auf eine Zeit, in der nicht nur neue Welten, sondern auch neue Kräfte entdeckt werden sollten.

Neue Kräfte

Vom Zeitalter der grundlegenden wissenschaftlichen Entdeckungen bis in das Zeitalter der beginnenden industriellen Revolution führen die folgenden Porträts. Neben der Werkstatt wird nun auch das Labor zum Ort für Erfindungen. Neben den Bastlern, Tüftlern und begnadeten Handwerkern treten experimentell arbeitende Naturforscher als Erfinder auf, obgleich es ihr vorrangiges Anliegen bleibt, den Dingen auf den Grund zu gehen.

Galileo Galilei hatte sich 1609 als erster Forscher ein Fernrohr gebaut. Der Mann, der die Fall- und Pendelgesetze studiert hatte, sorgte mit seinen Beobachtungen für Empörung bei der heiligen Mutter Kirche. Er sah die Krater auf dem Mond, die Ringe des Saturn, die Monde des Jupiter und die Flecken auf der Sonne. 1672 stellte der junge Isaac Newton sein Spiegelteleskop vor, ein Fernrohr, das die Lichtstrahlen auf einen sphärischen Hohlspiegel leitete. Wenig später legte er seine erste Abhandlung über die Optik vor, «A new Theory about Light and Colours». Newton hatte das weiße Licht zerlegt und erkannt, dass Licht «ein verworrenes Aggregat von Strahlen aller Arten von Farben» ist.

Eine Vielzahl kleiner Gerätschaften aus Messing, Glas und Blech standen den Wissenschaftlern, Erfindern und Entdeckern nun zur Verfügung. Raffinierte Uhren, Sextanten, Astrolabien und Kompasse wurden weiterentwickelt, und mit immer größerer Präzision halfen sie bei der Erforschung, Vermessung und Kartierung der Welt. Sie schmückten nicht nur die wissenschaftlichen Kabinette, sie gehörten auch zum Gepäck der Forschungsreisenden und Seefahrer. Ohne sie wären die Weltumsegelungen des James Cook in der zweiten Hälfte des 18. Jahrhunderts kaum möglich gewesen.

Der niederländische Physiker Christiaan Huygens (1629–1695) auf freiem Feld mit seinem Teleskop ohne Rohr. Huygens baute die besten Fernrohre seiner Zeit und entdeckte, dass der Planet Saturn keine «Arme» hatte, sondern einen «dünnen, flachen Ring».

Cook war der Erste, der bis an die Treibeisgrenze der Antarktis fuhr. Vier Wochen kreuzte er in dieser unbekannten Region.

Der holländische Linsenschleifer Antonie van Leeuwenhoek stieß in den Mikrokosmos vor. Er konnte mit seinen Meisterwerken der Schleifkunst Mikroskope bauen, die 270-fach vergrößerten und das Gewimmel der Einzeller in einem Wassertropfen zeigten. Man blickte in Organe und Gewebe, entdeckte Zellen und Bazillen. Dennoch blieben der menschliche Körper und insbesondere die Funktionen der Organe immer noch ein Terrain wildester Spekulationen. Auch der Chirurg des 18. Jahrhunderts wusste über den Zusammenhang von Hygiene und Infektionsrisiko noch herzlich wenig. In aller Regel wusch er sich die Hände erst nach der Operation, wenn er sein blutiges Handwerk beendet hatte. Der Aderlass oder der Ansatz von Blutegeln war im Zweifel eine gern und oft angewandte medizinische Maßnahme. Kurz: Noch stand die Quacksalberei in voller Blüte. Erfindungen medizinischer Geräte blieben rar. Eine Ausnahme war die Ein-Minuten-Uhr. Zu Beginn des 18. Jahrhunderts diente sie dem englischen Arzt John Floyer zur genauen Pulsmessung. Der Wiener Arzt Leopold Auenbrugger entwickelte ab 1781 die Perkussion, das Abklopfen des Brustkorbs und das Abhören der dabei entstehenden Geräusche. Das erste Stethoskop erfand etwas später der französische Arzt René Laënnec.

Viele Beobachtungen wurden damals angestellt, noch waren viele Prozesse rätselhaft wie die Verbrennung, die Gärung oder die Atmung. Und die Theorien, mit denen die Wissenschaftler sie zu erklären versuchten, mögen heute merkwürdig erscheinen. Und doch wären so manche Entdeckungen, die für uns selbstverständlich sind, ohne sie nicht möglich gewesen. Die lange Vorgeschichte der Elektrizität ist dafür ein Beispiel. Man sammelte Wissen, verglich Beobachtungen, machte Versuch auf Versuch, baute Gerätschaften von großer Raffinesse und glaubte schließlich, man habe ein rätselhaftes Fluidum gefunden, ja, sei gar dem Geheimnis des Lebens auf der Spur. Erst mit Alessandro Volta trat ein herausragender Experimentator auf den Plan, der den Weg zur Nutzung dieser neuen Kräfte bahnte, ein langer Weg, der aus dem Labor des 18. Jahrhunderts bis in die Fabrik des 19. Jahrhunderts führte.

Aufs Ganze gesehen prägte dieses Zeitalter ein intensivierter Austausch, der den Erfindern unterschiedlichster Art, die in beiden Welten, in Theorie und Anwendung, zu Hause waren, nur förderlich sein konnte. Ob im Labor, in der Werkstatt oder der Manufaktur, überall entstand eine anregende Atmosphäre für neue Ideen. Reisen und Briefverkehr der Gelehrten stärkten die gegenseitigen Anregungen, und die wissenschaftlichen Akademien wurden zum ordnenden Marktplatz der Forschung und Entwicklung. 1603 wurde in Rom die *Accademia dei Lincei* gegründet, 1660 die *Royal Society* in London, 1666 die *Académie des sciences* in Paris, 1700 die *Churfürstlich-Brandenburgische Societät der Wissenschaften* in Berlin. Im 18. Jahrhundert, dem Zeitalter der Aufklärung, sollte die Wertschätzung der Wissenschaften wie der Techniker nur noch steigen. Damals bildeten sich die Disziplinen heraus, die uns heute ganz selbstverständlich sind: Physik, Chemie, Biologie, Geologie. Und die Mathematisierung der Wissenschaften, für die wie kein anderer der Name Newtons steht. So entdeckte man in diesem Zeitalter nicht nur neue Kräfte, sondern schuf auch Übersicht, Ordnung und Systematik.

Dabei hat die Aufklärung die Herkunft der Technik aus dem Handwerk nie verleugnet, im Gegenteil. Von 1751 bis 1772 erschienen die 35 Bände der berühmten französischen «Encyclopédie». Unter der Leitung von Denis Diderot sollte das großangelegte Unternehmen «die auf der Erdoberfläche verstreuten Kenntnisse» versammeln und ein «nach Vernunftgründen geordnetes Wörterbuch der Wissenschaften, Künste und Gewerbe» werden. Diderot forderte programmatisch dazu auf, in die Werkstätten zu gehen und den Handwerkern bei ihrer Arbeit über die Schultern zu schauen: «Wir wandten uns an die tüchtigsten Handwerker in Paris und unserem Königreich. Wir machten uns die Mühe, sie in ihren Werkstätten aufzusuchen, sie auszuforschen, nach ihrem Diktat Aufzeichnungen zu machen, ihre Gedanken zu entwickeln, aus diesen Gedanken die jeweils eigentümlichen Fachausdrücke zutage zu fördern, Verzeichnisse derselben anzufertigen und sie zu erklären.» In zahlreichen erlesenen Kupferstichen führte die «Encyclopédie» dann detailliert die Arbeitstechniken, Werkzeuge und Geräte der Handwerker vor und wurde auch zu einem Kompendium technischen Wissens, von der Tabakverarbeitung bis zur Gobelinmanufaktur, von der Druckerei bis zur Chirurgie.

Die Geschichte der Dampfmaschine zeigt, dass Theoretiker und Praktiker fast zum selben Ergebnis kommen können. Zwei ganz unterschiedliche Erfinder-Typen prägten ihre Entwicklung. Denis Papin war Naturwissenschaftler, ein experimenteller Physiker, der theoretisches Wissen mit Verve in praktischen Anwendungen erprobte. James Watt dagegen war Techniker, ein Feinmechaniker, dessen Werkstatt sich direkt an der Universität von Glasgow befand, für die er arbeitete. Watt kam aus der Praxis und schlich sich mit hoher Auffassungsgabe autodidaktisch in die Theorie. Das Ergebnis war ein mechanischer Geniestreich.

Pferdestärken aus dem Drucktopf

Denis Papin, James Watt und die Erfindung der Dampfmaschine

Über James Watt kursiert eine der vielen Erfinderlegenden, denen man nicht so recht trauen mag. Als kleiner Junge habe er vor dem Herd gesessen und den brodelnden Wasserkessel beobachtet. Plötzlich sei der Deckel vom Topf geflogen und durch die Küche gepoltert. Das sei für den aufgeweckten Knaben das Aha-Erlebnis gewesen, das ihn gut zwanzig Jahre später seine epochale Erfindung der Dampfmaschine machen ließ. Es fällt schwer, der Geschichte auch nur einen wahren Kern abzugewinnen, zumal James Watt die Dampfmaschine gar nicht erfunden hat. Was seine Bedeutung nicht schmälert: Er hat sie entscheidend modifiziert und damit ihren Siegeszug als Kraftquelle eines ganzen Zeitalters eingeleitet.

Heron von Alexandria hatte ja bereits erkannt, welche Kraft im Dampf steckt. Sein Heronsball war eine verspielte Vorform der Dampfmaschine. Doch Heron fand keine Nachfolger. Leonardo da Vinci machte zwar auf einer seiner technischen Zeichnungen aus dem Heronsball eine Dampfkanone, aber auch das änderte nichts daran, dass der Dampf über die Jahrhunderte eine ungenutzte Kraft blieb. Erst im 17. Jahrhundert bahnte ein Franzose den Weg zur Dampfmaschine, Denis Papin, der Erfinder des Schnellkochtopfs. James Watt nannte ihn das «größte Genie meiner Vorgänger».

Papin war ein herausragender Naturwissenschaftler und Erfinder, ein Pionier der experimentellen Physik. 1647 in Blois an der Loire geboren, studierte er in Angers Medizin, praktizierte aber nur kurze Zeit als Arzt. Sein Interesse an der Physik überwog. 1673 sehen wir ihn als Assistenten des berühmten Holländers Christiaan Huygens – er begründete die Wellentheorie des Lichts, berechnete den elastischen Stoß und die Pendelbewegung – in Paris. Hier lernte Papin auch den überragenden Universalgelehrten der damaligen Zeit kennen, Gottfried Wilhelm Leibniz, der in diesen Jahren unabhängig von Isaac Newton seine Infinitesimalmathematik entwickelte und ein erstes Modell seiner Rechenmaschine baute.

1675 reiste Papin nach London und wurde dort zum Mitarbeiter Robert Boyles, einer weiteren Koryphäe der Naturwissenschaften. Boyle arbeitete über Gase, studierte den immer noch rätselhaften Vorgang der Verbrennung und schuf mit an den Grundlagen der modernen Chemie. Unser Verständnis eines chemischen Elements geht auf ihn zurück. 1661 hatte er in seinem Buch «Der skeptische Chemiker» die bis dahin gängige antike Theorie der vier Elemente Feuer, Wasser, Luft und Erde angegriffen. Außerdem war er einer der Gründerväter der *Royal Society*, in die 1680 auch Papin aufgenommen wurde.

Seit seiner Zeit in Paris beschäftigte Papin sich mit Überdruck und Unterdruck, Hochdruck und Vakuum. Otto von Guericke wurde für ihn wegweisend. Der Magdeburger Bürgermeister und Gelehrte war durch die vom Luftdruck «verklebten», luftleeren Magdeburger Halbkugeln berühmt geworden, die sich auch durch zwei Pferdegespanne nicht trennen ließen. Seine Vakuumpumpe inspirierte Papin zu zahlreichen Experimenten und Maschinen. Papin baute Pumpen, Ventilatoren und Pressluftgeschütze, er konstruierte Tauchboote, deren Schwimmtanks er nach Belieben fluten und leerpumpen konnte. Und 1681 schließlich präsentierte er in London seine wohl populärste Erfindung, den Schnellkochtopf. «Digestor» nannte er den Topf, der zum Schutz vor einer Explosion mit einem Sicherheitsventil versehen war, und pries seine Vorzüge in einer Schrift mit dem ausführlichen Titel: «Eine neue Schnellkochmaschine, um Knochen weich zu machen, mitsamt der Beschreibung des Baues der Maschine und ihres Gebrauchs für die Kochkunst, bei Seereisen, in der Zuckerbäckerei, zur Herstellung von Getränken, für die Chemie und Färberei.» Das alljährliche *philosophical supper* der Royal Society wurde 1682 komplett im Papin'schen Topf zubereitet: Zartes Fleisch bei erheblicher Einsparung von Brennmaterial, die gelehrte Gesellschaft nickte vollmundig und anerkennend.

Als 1685 der französische König Ludwig XIV. das Toleranzedikt von Nantes aufhob, war dem Hugenotten Papin der Weg in seine Heimat versperrt. Das dürfte nicht unwesentlich seine Entscheidung beeinflusst haben, im Jahr 1688 einen Ruf des hessischen Landgrafen Karl an die Universität Marburg anzunehmen. Doch glücklich wurde er hier nicht. Innerhalb der hugenottischen Gemeinde Marburgs kam es zu heftigen Streitigkeiten, da ging es um das Platzrecht auf einer Kirchenbank, um die Teilnahme am Abendmahl, eigentlich aber um die Cartesische Philosophie, der Papin seit seiner Zeit bei Huygens zugetan war. Vor allem aber litt Papin unter fehlender Anerkennung. Anders als der allem Technischen aufgeschlossene hessische Landesherr, wussten viele Mitbürger und Kollegen in Marburg die wissenschaftliche Kapazität Papins nicht zu schätzen. Nur wenige Studenten wurden treue Besucher seiner Vorlesungen, die doch thematisch weit gefächert waren: Mechanik, Hydraulik, Kriegsbaukunst, Astronomie, Ballistik, Erdkunde, Navigationslehre, Vermessungslehre, der Bau von Mikroskopen und Teleskopen – all das gehörte damals zu den mathematischen Wissenschaften.

1695 zog Papin nach Kassel, gewissermaßen als Hofmechaniker in unmittelbarer Nähe des Landesherrn. Hier widmete er sich nach 1698 verstärkt einem Projekt, das er schon seit mehr als zwei Jahrzehnten verfolgte, seiner Wärmekraftmaschine. Er hatte nämlich erfahren, dass ihm jüngst ein Konkurrent entstanden war: In England hatte der Kapitän und Ingenieur Thomas Savery in diesem Jahr ein Patent auf eine kolbenlose atmosphärische Maschine erhalten. Savery nannte sie *The miner's friend*, «Der Freund des Bergmanns», denn sie sollte helfen, das Grundwasser aus den Gruben des Landes abzupumpen. Die Pumpe bestand aus zwei Kesseln und zwei Druckgefäßen. In einem der Kessel wurde Wasser erhitzt, das in den größeren zweiten Kessel verdampfte. Der Dampf wurde dann wechselweise in die zwei Druckgefäße geleitet und von außen mit kaltem Wasser kondensiert. Dadurch wurde ein Unterdruck erzeugt, der das Grundwasser durch ein Rohr direkt aus der Grube saugte. Saverys schlürfende Pumpe war allerdings nicht besonders leistungsfähig und brauchte Unmengen an Kohle.

Schon 1674 hatte Papin erstmals mit einer Wärmekraftmaschine experimentiert. Sie sollte mit Schwarzpulver betrieben werden. In Marburg hatte er diese Versuche jedoch eingestellt; die Explosionsmaschine war gefährlich und ineffektiv. Anstelle des Schwarzpulvers verwendete Papin jetzt Wasser: Er füllte es in einen Zylinder, senkte darin einen Kolben bis zum Wasserspiegel, und wenn man das Wasser erhitzte, trieb der entstehende Dampf den Kolben in die Höhe. Dort wurde der Kolben arretiert und der Zylinder abgekühlt, wobei ein Unterdruck entstand. Entfernte man die Arretierung, presste der atmosphärische Luftdruck den Kolben nach unten. Das Prinzip war ganz ähnlich wie später bei Savery. Jetzt aber galt es, dessen Pumpe konstruktiv zu übertreffen.

1705 sendet Leibniz eine Zeichnung von Saverys Maschine an Papin. Der zeigt sie seinem Landgrafen und erhält umgehend den Auftrag, die Hochdruckdampfmaschine zu bauen, an deren Entwurf Papin seit Jahren arbeitet: die erste Dampfmaschine ohne energieraubende Kondensation; mit ihr nahm Papin das Prinzip vorweg, dem siebzig Jahre später James Watt zum Durchbruch verhelfen sollte. 1706 stellte Papin sie dem Landgrafen vor. Sie hatte einen Dampfkessel mit einem Durchmesser von gut 50 Zentimetern und einer Höhe von etwa 70 Zentimetern. Der Kessel war in einen Ziegelofen eingebaut und mit einem Sicherheitsventil versehen, um eine Explosion des Kessels zu vermeiden. War der Druck hoch genug, wurde ein Hahn geöffnet, und der Dampf strömte in den Arbeitszylinder. Dort drückte er auf einen Schwimmkolben, unter dem sich das zu pumpende Wasser befand. Der Schwimmkolben verhinderte, dass der einströmende Dampf direkt auf das kalte Wasser traf, der Kolben sollte eine Kondensation vermeiden. Die Arbeit leistete jetzt der Druck des Dampfes und nicht der durch dessen Abkühlung erzeugte Unterdruck. Papin hatte berechnet, dass seine Maschine in nur zwei Sekunden etwa 100 Liter Wasser aus 13 Meter Tiefe pumpen konnte. Im Jahr darauf veröffentlichte er die vielversprechende Konstruktion seiner Maschine unter dem Titel «Eine neue Methode, Wasser durch die Hilfe des Feuers aufs schnellste zu fördern». Es sollte seine letzte technische Schrift sein.

Papin war mittlerweile auch in Kassel nicht mehr recht zufrieden mit dem Fortgang seiner Projekte. Häufig war der Landgraf abwesend, und ohne dessen Aufträge und Rückendeckung gingen seine teuren Unternehmen nur langsam voran. Es kam hinzu, dass die Aufmerksamkeit des Landesherrn in diesen Jahren bereits der imposanten Anlage auf der Wilhelmshöhe galt, wo unter der Leitung eines italienischen Architekten die Arbeiten an der sündhaft teuren barocken Parkanlage einen ersten Höhepunkt erreichten. Die Kaskaden und der Oktogon mit der Statue des Herakles sind bis heute das Wahrzeichen der Stadt. Und obwohl auch hier in Hessen Wasserspiele entstehen sollten, wandte sich Papin an Leibniz, ob der ihm nicht einen Auftrag beim hannoverschen Kurfürsten Georg Ludwig vermitteln könne, eine Pumpenmaschine für die Wasserkünste im Park von Herrenhausen zu bauen. Dazu kam es nicht. Über all dem Hin und Her fasste Papin einen Entschluss: Er wollte wieder nach London und im britischen Königreich mit seiner Dampfmaschine Furore machen. Er reichte sein Abschiedsgesuch beim Landgrafen ein, das dieser gnädigst annahm. Papins Fahrt nach London sollte zu einer Reise ins Unglück werden.

1704 hatte Papin ein bemerkenswertes kleines Boot bauen lassen, es hatte Schaufelräder. Damit wollte er nun mit seiner Familie auf Fulda und Weser bis nach Bremen fahren und von dort weiter nach London. Zwar wurde es noch nicht von einer Dampfmaschine angetrieben, sondern von Muskelkraft, aber in einem Brief an Leibniz betonte Papin, es werde leicht sein, schon bald «nach diesem Modell andere Schiffe herzustellen, wo man die Dampfmaschine ganz bequem einbauen kann».

Noch einmal festliche Tage in Kassel und mit dem Landgrafen eine Probefahrt auf der Fulda. Am 23. September 1707 will Papin abreisen. Gerade noch rechtzeitig erscheint Leibniz, besichtigt das originelle Schiff und überreicht dem verehrten Kollegen zum Abschied ein euphorisches Empfehlungsschreiben an die Royal Society. Am nächsten Tag erreicht Papin Münden. Doch hier überwacht die Schiffergilde die Einfahrt auf die Weser. Die Mündener Schiffer akzeptieren Papins Papiere nicht, sie beschlagnahmen sogar sein Boot und wollen es verkaufen. Ein Tumult entsteht, in dessen Verlauf das Schiff in tausend Stücke geht. Auf anderem Weg reist Papin nach London und erlebt den nächsten Rückschlag. Der Empfang bei der Royal Society ist denkbar unterkühlt. Robert Boyle, der einstige Förderer, ist inzwischen verstorben. Man hat hier nicht auf ihn gewartet, und auch der Brief des großen Leibniz nützt ihm nichts. Isaac Newton, seit 1703 Präsident der Gesellschaft, ist ihm gegenüber geradezu missgünstig.

Papins Pläne, seine Dampfmaschine in London weiterzuentwickeln, zerschlagen sich. Vor zwei Jahren schon, so wird ihm mitgeteilt, habe man dem Schmied Thomas Newcomen ein Patent für eine derartige Maschine erteilt, die Sache stehe kurz vor der wirtschaftlichen Nutzung. Degradiert zum Bittsteller, arbeitet Papin in den nächsten Jahren nur mehr an kleineren Erfindungen, ein beheiztes Gewächshaus, ein energiesparender Ofen, ein Sicherheitsschloss. 1712 schreibt er einen Brief an den Sekretär der Royal Society und bittet um Anweisung eines noch ausstehenden Honorars: «Sicher, mein Herr, befinde ich mich seither in einer traurigen Lage; selbst wenn ich Gutes vollbringe, ziehe ich mir Feinde zu.» Es ist das letzte Zeugnis, das er hinterließ. Der genaue Zeitpunkt und die Umstände seines Todes sind unbekannt. Vermutlich starb er noch 1712, im selben Jahr also, in dem auch die Dampfmaschine von Thomas Newcomen einsatzbereit war.

In den Zinnminen in Cornwall, im Südwesten Englands, hatte sie ihren ersten Auftritt. Ihr auffälligstes Bauteil war der hölzerne Querbalken, über den die Dampfmaschine mit einer Pumpe im Stollen verbunden war. Jetzt holte man das Wasser tief aus dem Berg. Newcomens Maschine, ein haushohes Gerät, war die erste zyklisch arbeitende Dampfmaschine, griff jedoch wieder auf das Prinzip der Kondensation zurück.

Die Dampfmaschine hatte jetzt einen Kessel, in dem Wasser erhitzt wurde. Der dabei entstehende Dampf wurde

Die 1712 patentierte «Atmosphärische Dampfmaschine» von Thomas Newcomen wurde vor allem im Bergbau eingesetzt. Gegen Ende des 18. Jahrhunderts gab es in England rund 1500 dieser Maschinen. Ihr ungeheurer Kohleverbrauch trieb James Watt zu einer viel besseren technischen Lösung.

in den Arbeitszylinder geleitet und hob den Kolben. Dann wurde das Dampfventil geschlossen und kaltes Wasser eingespritzt. Der Dampf kondensierte, der Luftdruck drückte den Kolben nach unten und verrichtete die Arbeit. Anschließend wurde das Wasser aus- und erneut heißer Dampf eingelassen. Rund zwölf Arbeitshübe pro Minute leistete die Maschine. In England wurden im 18. Jahrhundert 1500 von ihnen in Betrieb genommen. Doch auf dem Kontinent verbreitete sie sich nur langsam. Die erste Newcomen'sche Dampfmaschine, die auf dem Kontinent arbeitete, stand, auf Betreiben des Landgrafen Karl, seit 1722 in Kassel.

Der heftige Temperaturwechsel machte Newcomens Maschine zum Energieschlucker. Und um die Hähne zu betätigen, musste ein Arbeiter ständig um sie herumlaufen. Dieses Problem löste Newcomen mit seiner vielleicht wichtigsten Erfindung, einem Steuerungsmechanismus für die Ventile: Durch ein Gestänge wurden sie mit dem oberen Querbalken verbunden, die Maschine öffnete und schloss ihre Ventile nun selbsttätig. Doch den thermischen Wirkungsgrad – er lag bei unter einem Prozent – zu verbessern, sollte James Watt vorbehalten bleiben.

James Watt wurde 1736 in Greenock bei Glasgow als Sohn eines Zimmermanns geboren. In London erlernte er das Handwerk der Feinmechanik und kehrte danach wieder nach Glasgow zurück. Dort betrieb er bald eine eigene Werkstatt in der Nähe der Universität. 1763 sollte er in deren Auftrag ein Modell der Newcomen-Maschine reparieren. Doch der Apparat gefiel ihm nicht, der Zylinder erschien ihm «zu lang», «zu unproduktiv» – eine Fehlkonstruktion. Statt das Modell zu reparieren, verbesserte Watt es kurzerhand und verursachte einigen Wirbel. Aber er hatte die Professoren beeindruckt. Auch mit dem profunden physikalischen Wissen, das er sich autodidaktisch angeeignet hatte.

Watt kam von der Sache nicht mehr los: «All meine Gedanken sind auf diese Maschine gerichtet, ich kann an nichts anderes mehr denken.» Der Zylinder in ständigem Kalt-Heiß, eine solche Vergeudung der Wärme stieß dem Schotten auf: «Es kam mir der Gedanke, dass Dampf, ein elastischer Körper, sich in einen luftleeren Raum hineinstürzen würde und dass, wenn man den Zylinder mit einem luftleeren Raum verbände, er dort hineinströmen müsste, wo man ihn kondensieren könne, ohne den Zylinder abzukühlen.» Das war überzeugend, das musste man ausprobieren. Der vom Zylinder getrennte Kondensationsbehälter war der entscheidende Schritt in der Entwicklung der Dampfmaschine. Der Feinmechaniker nahm eine alte Arztspritze aus Messing, das wird sein Arbeitszylinder, 25 Zentimeter lang, 4 Zentimeter im Durchmesser. Die künftige Kraftquelle der Industrialisierung entsteht als Tischmodell – und funktioniert! 1769 erhält Watt das britische Patent auf seine «neu erfundene Methode der Verminderung des Verbrauchs von Dampf, folglich auch an Brennstoff in Feuermaschinen».

Watt sollte seine Maschine künftig immer weiter verbessern, so versah er sie 1787 mit einem Planetengetriebe, und statt als Auf und Ab stand die Kraft somit als Drehbewegung zur Verfügung. 1788 folgte eine weitere, überaus wichtige Erfindung: Ein Fliehkraftregler, mit dem sich die Menge des Dampfes automatisch einstellen ließ, machte es möglich, eine konstante Drehzahl einzuhalten. Doch bereits seine erste Version sparte gegenüber Newcomens Maschine 75 Prozent an Heizenergie. James Watt war ein enormer Wurf gelungen. Bis die Dampfmaschine ihren Triumphzug antrat, um schließlich in nahezu allen Fabriken und Gewerben Einzug zu halten, sollten allerdings noch einmal Jahre vergehen. Zunächst einmal musste Watt eine praxistaugliche Maschine konstruieren. Das darf man sich so leicht nicht vorstellen. Die Arbeit mit hohen Drücken war trotz einiger Erfahrungen kein Kinderspiel.

In dem Fabrikanten Matthew Boulton fand James Watt einen guten Partner für seine Entwicklungsarbeit. Schon 1768 hatten sie sich kennengelernt. Watt besuchte Boulton in seiner Soho Manufactory in Birmingham. Hier wurden Münzen geprägt und Schmuck aus Stahl, veredelt durch eine Silberlegierung, produziert. Boultons Fabrik war ein Vorzeigeobjekt und in der Welt des Frühkapitalismus eine Rarität: keine Kinderarbeit, eine Sozialkasse für die Arbeiter und eine mehrwöchige Lohnfortzahlung im Krankheitsfalle. Die Arbeitsräume waren hell und sauber. Doch verfügte Boulton nicht über genügend Kapital, um die Produktion der neuen Maschinen finanzieren zu können. Das gelang nur in Zusammenarbeit mit verschiedenen Zulieferern. Der Kapitalmarkt aus Börsen und Banken begann gerade erst, sich zu einem neuen, leistungsfähigen System zu entwickeln. Gut fünfzig Jahre später ging es da schon anders zu, die Finanzierung der Eisenbahngesellschaften im 19. Jahrhundert ist dafür ein eindrucksvolles Beispiel.

Auch die Kunden, zunächst vor allem wiederum die Bergwerke in Cornwall, schreckten vor der Anschaffung der teuren Maschinen zurück. Boulton bot den Abnehmern daher eine Art Leasing an. Die Höhe der Abschläge hing von der Leistung der Maschinen ab. Die hatte James Watt schon längst in «Pferdestärken» ausgerechnet. Zudem standen Boulton und Watt unter Zeitdruck, das Patent lief bald aus, und Konkurrenten würden auf den Markt drängen. Boulton war nicht ohne Beziehungen nach London, und schließlich ermöglichte ein *Act of Parliament* die Patentverlängerung bis zum Ende des Jahrhunderts. Bis dahin verkauften Boulton und Watt fast 500 ihrer Feuermaschinen.

Viele mochten es nun schnell und manche laut, wie James Watt einmal beobachtete: «Geschwindigkeit, Kraft, Größe und der furchtbare Lärm der Maschine haben jetzt alle, die sie sahen, ob Freund oder Feind, zufriedengestellt. Ich hatte sie ein-, zweimal leiser eingestellt. Aber der Grubenbesitzer kann nicht schlafen, wenn sie nicht tobt. Die Leute scheinen von der Größe des Lärms auf die Kraft der Maschine zu schließen.»

Der junge französische Physiker Sadi Carnot bewunderte dieses neue, laute England und bemerkte 1824, die Zerstörung ihrer Marine würde für die Großmacht «vielleicht weniger tödlich sein» als der Verlust ihrer Dampfmaschinen. Neidlos fügte der Franzose hinzu: «Es ist übrigens naturgemäß, dass eine Erfindung dort entsteht und namentlich sich entwickelt, wo das Bedürfnis nach ihr sich am Zwingendsten geltend macht.» Diese Einsicht hatte einst auch seinen Landsmann Papin nach London getrieben. Und doch darf man über dem Lob der lauten Maschinen nicht vergessen, dass man bereits eine neue Kraft entdeckt hatte, die in die Zukunft wies. Sie war geheimnisvoll, sie war leise, manchmal knisterte sie ein wenig: die Elektrizität. Aber wenn sie als Blitz und Donner am Himmel stand, zeigte sie ihre ungeheure Energie und Gefährlichkeit.

Frösche, Säuren und Metalle

Alessandro Volta und die wunderliche Säule

«Ich sezierte einen Frosch und präparierte ihn ... und legte ihn, mich alles anderen versehend, auf einen Tisch, auf dem eine Electrisiermaschine stand ... Wie nun der eine von den Leuten, die mir zur Hand gingen, mit der Spitze des Skalpellmessers die inneren Schenkelnerven des Frosches zufällig ganz leicht berührte, schienen sich alle Muskeln an den Gelenken derart zusammenzuziehen, als wären sie von heftigen Krämpfen befallen.» Luigi Galvani, Professor der Anatomie an der Universität Bologna, war verwirrt. Was geschah da? Zwar hatten schon andere über diesselbe Beobachtung berichtet – Galvanis Kollege Leopoldo Caldani etwa –, und der Schweizer Philosoph und Theoretiker der Schönen Künste, Johann Georg Sulzer, hatte 1760 in einem Vortrag auf den merkwürdigen säuerlichen Geschmack hingewiesen, den zwei an die Zunge gehaltene unterschiedliche Metallstücke hervorriefen. Galvani aber war derjenige, der nicht lockerließ und dieses seltsame Phänomen zu ergründen suchte.

Er stellte weitere Versuche an, immer wieder zuckten die Froschschenkel in seinem Labor. Eines Tages wurde es schon ein wenig gruselig. Galvani hatte einige Froschschenkel enthäutet und an Kupferhaken am Balkongeländer seiner Wohnung aufgehängt. Das Geländer war verzinkt, und der Zufall wollte es, dass ein starker Regen niederging. Zum Schrecken seiner Frau fingen die Schenkel an, sich zu bewegen. Galvani war begeistert. Hier war ja keinerlei Stromquelle in der Nähe, nichts anderes als die reine «tierische Elektrizität» konnte die Zuckungen auf dem Balkon verursacht haben. 1791 veröffentlichte Galvani seine Entdeckung und die dazugehörige Theorie.

Ausgerechnet ein Anatom und Biologe löste damit die zweite und entscheidende Phase der Erforschung der Elektrizität aus. Reibungselektrizität, elektrische Auf- und Entladungen – darüber hatte man bereits viel Wissen gesammelt. Schon 1663 hatte Otto von Guericke eine Elektrisiermaschine erfunden: Mittels einer großen rotierenden Schwefelkugel erzeugte er Reibungselektrizität und verblüffte das Publikum mit rätselhaften Leuchterscheinungen. Seit Mitte des 18. Jahrhunderts konnte man solche Ladungen sogar speichern: Der deutsche Pfarrer Ewald Georg von Kleist und der Leidener Physiker Piter van Musschenbroek hatten 1745/46 unabhängig voneinander die Leidener Flasche erfunden: Man füllte eine Glasflasche mit leicht salzigem Wasser, und durch einen Nagel, der im Deckel steckte und ins Wasser reichte, konnte man die Ladung einer Elektrisiermaschine dort hineinleiten. Durch Parallelschaltung mehrerer Flaschen, also einer ganzen Batterie, gelangte man sogar zu hohen Kapazitäten.

1752 war ein Amerikaner noch einen Schritt weiter gegangen. Benjamin Franklin hatte während eines Gewitters einen Drachen mit einem Metallfaden in der Schnur steigen lassen und die Elektrizität in den Wolken angezapft. Ein gefährlicher Versuch! Franklin war nicht nur ein Pionier der Elektrizität und der Wetterkunde sowie der Erfinder des Blitzableiters, er entdeckte und studierte auch den Golfstrom, bastelte sich eine Bifokalbrille und konstruierte einen effektiven Heizofen. Der Universal-Erfinder war der berühmteste Amerikaner in Europa. Seit 1776 war er in Paris als Gesandter der amerikanischen Staaten, die ihre Unabhängigkeit vom britischen Mutterland erklärt hatten. Der Mathematiker d'Alembert feierte den Erfinder und Politiker mit dem Wort: «Er entriss dem Himmel den Blitz und den Tyrannen das Zepter.»

Man war der Elektrizität also auf die Spur gekommen.

Und als man schon dachte, die Sache sei erforscht und abgetan, hatte Galvani eine Entdeckung ermöglicht, die ganz neue Perspektiven eröffnete, die Entdeckung des fließenden Stroms.

Galvanis zuckende Froschschenkel wurden zum Sinnbild der neuen Wissenschaft und traten neben Benjamin Franklins Experimente in Blitz und Donner. Als göttliche Kraft im Himmel, als geheimnisvolle Lebenskraft im Organismus – die Elektrizität entfaltete in diesen Jahrzehnten ihre ganze Faszination, sie galt als Fluidum, in dem nun auch das Geheimnis des Lebens zu schwimmen schien. In zahllosen Labors wurden Galvanis Versuche wiederholt und weiterentwickelt. Und viele Forscher teilten seine Überzeugung, die tierische Elektrizität sei von grundsätzlich anderer Natur als die «normale» Elektrizität. Johann Wilhelm Ritter veröffentlichte 1798, in Galvanis Todesjahr, seinen «Beweis, dass ein beständiger Galvanismus den Lebensprozess im Tierreich begleitet». Goethe war angetan von dem jungen Physiker und nannte ihn «eine Erscheinung zum Erstaunen, ein wahrer Wissenshimmel auf Erden». Ritter inspirierte die frühen Romantiker mit seiner «Metaphysik der Froschschenkel», wie Friedrich Schlegel spöttelte. Der Philosoph Schelling nahm Ritters Arbeiten auf und machte sich an seine «Ideen zur Philosophie der Natur». In Labors und Salons bestaunte man die neue Kraft. Noch war man weit davon entfernt, sie für praktische Zwecke anwenden zu können. Noch glänzte sie in fröhlicher Nutzlosigkeit, zwischen Zauberei und Aufklärung: Selbsternannte Magier und Funkenschläger führten auf den Marktplätzen ihre elektrischen Sensationen vor.

Und neben Galvani trat sogleich ein Mitstreiter, oder vielmehr ein Konkurrent: Alessandro Volta. Er wurde so etwas wie der Ernüchterer des Galvanismus. Volta war der strengere Wissenschaftler, er betrachtete den rätselhaften Gegenstand systematischer. Und wie nebenbei machte er so eine folgenreiche Erfindung.

Volta wurde 1745 in Como geboren. Er entstammt einer wohlhabenden Familie. Der Vater war Jesuit, die Mutter sehr fromm, drei Onkel waren Priester und fünf seiner acht Brüder waren ebenfalls in kirchlichen Diensten beschäftigt. Auch Alessandro besuchte eine Jesuitenschule, schlug dann aber eine weltliche Laufbahn ein. Sprachen und Literatur standen im Mittelpunkt seiner Ausbildung, ehe er sich den Naturwissenschaften zuwandte. Ein Gedicht des 19-Jährigen über die Entdeckungen der Chemie, abgefasst in lateinischen Hexametern, zeugt von seinen sich kreuzenden Interessen. Nachdem er auf das Thema Elektrizität aufmerksam geworden war, verschlang er die einschlägige Fachliteratur seiner Zeit, schrieb Briefe an berühmte Professoren und richtete sich mit Hilfe eines Freundes sein erstes Labor ein.

Mit der Erfindung des Elektrophors 1775 wurde Volta zu einer bekannten Größe in der Szene der Elektrizitätsforscher. Es war ein einfaches Ladegerät für statische Elektrizität, das wie ein Kondensator funktionierte und gewissermaßen elektrische Ladungen «schichtete». Ein mit Harz ausgegossener Metallteller wurde durch Reibung aufgeladen, je nach verwendetem Material – Wolle, Seide oder Fell – negativ oder positiv. Auf diese Harzschicht legte man nun eine Metallscheibe mit einem nichtleitenden Griff, Glas empfahl sich. War die Harzschicht positiv geladen, zog sie an der Unterseite der Metallscheibe negative Ladungen an, auf der Oberseite sammelten sich die positiven Ladungen. Man konnte nun mit dem Griff die Oberscheibe anheben und ihre Ladungen in eine Leidener Flasche «umfüllen».

Nach seiner Erfindung des Elektrophors wurde Volta zum Physiklehrer für die Schulen von Como berufen. 1778, im Alter von 32 Jahren, erhielt er eine Professur für Physik an der Universität in Pavia. Auf Reisen durch Europa lernte er die bedeutendsten Gelehrten kennen – Voltaire, Laplace, Lavoisier. Und in den Jahren 1784 und 1785 besuchte er jeweils für mehrere Tage Göttingen, um dort mit einem der originellsten Köpfe der Zeit zu diskutieren und zu experimentieren, mit Georg Christoph Lichtenberg.

Lichtenberg war ein Physiker von europäischem Ruf. Er hatte sich intensiv mit elektrischen Versuchen beschäftigt. Er gehörte zu den ersten Deutschen, die sich – zum Schrecken seiner Nachbarn – den Blitzableiter aufs Dach gesetzt hatten. Zäh hielt sich die Angst, die Metallnadel ziehe die gefährlich zornigen Ladungen des Himmels erst recht an. Doch mit seinen berühmten Vorlesungen im Freien samt Schauexperimenten – 600 Versuche hatte er in seinem Repertoire – unterhielt und erfreute er die Göttinger auch immer wieder.

1777 hatte Lichtenberg einen großen Elektrophor mit zwei Meter Durchmesser gebaut. Nach dem mühseligen Planschleifen des Harzes erblickte er am nächsten Morgen, dass Staub sternförmige Muster gebildet hatte. Noch schönere Figuren ergaben die Sporen von Bärlapp. Positive und negative Ladungen erzeugten dabei ganz unterschiedliche Muster. Die Lichtenbergischen Figuren – so heißen sie noch heute – waren ein guter Indikator für die zwei Arten von Ladungen, die Lichtenberg nun auch noch mit Plus und Minus benannte. Viel später basierte auf diesem Prinzip der schönen Figuren die Technik des Fotokopierers.

Als Galvanis Werk 1791 erschien, machte sich Volta umgehend an die Lektüre. Anfangs war er skeptisch, ob hier etwas Neues aufgezeigt wurde. Doch bei seinen Experimenten stellte er fest, dass Galvanis Beobachtungen die Tür zu Entdeckungen aufgestoßen hatten, die «allem überlegen waren, was bis dahin über Elektrizität bekannt war, so wunderbar erschienen sie».

Zunächst betrachtete er wie Galvani den Frosch als eine Art Leidener Flasche. Diese Interpretation jedoch verwarf er, die elektrische Quelle musste außerhalb des Tieres liegen. Dann kam Sulzers Beobachtung ins Spiel: Kupfer und Zink auf die Zunge gelegt, rufen einen unangenehm säuerlichen Geschmack hervor. Volta maß – und hier zeigt sich sein Rang als wissenschaftlicher Experimentator – die Differenz der elektrischen Potenziale der Metalle und erkannte, dass die Froschschenkel nur eine Art «Anzeigeinstrument» für Stromfluss waren. Genau bestimmen konnte er die Spannung allerdings noch nicht. Erst als 1820 Hans Christian Ørstedt in Kopenhagen beobachtete, dass fließender Strom eine Kompassnadel beeinflusste, und damit den Elektromagnetismus entdeckte, wurde es möglich, ein echtes Messgerät zu bauen, dem man zu Ehren Galvanis den Namen «Galvanometer» gab.

Volta war jedenfalls sicher, die These von der tierischen Elektrizität widerlegt zu haben. Doch so schnell gab Galvani nicht auf. Seine Antwort: Der Frosch zuckt auch, wenn nur ein Metall im Spiel ist, das die Nervenenden verbindet. Voltas Verweis auf die unterschiedlichen Potenziale gehe am Phänomen vorbei. Das gab zu denken.

Galvanis Einwand führte Volta zu einer weiteren wichtigen Erkenntnis. Des Rätsels Lösung lag in den Flüssigkeiten. Galvanis Froschschenkel am Balkongeländer hatten sich ja bei einsetzendem Regen zu bewegen begonnen. In einem neuen Reihenexperiment hielt Volta verschiedene Metalle in verschiedene Flüssigkeiten wie Kalilauge, Schwefel- und Salpetersäure. Je nach Kombination wurden die Metalle positiv oder negativ geladen. Es bedurfte also keineswegs zweier Metalle, um elektrische Aktivität auszulösen.

Die Auseinandersetzung mit Galvani hatte Volta zu einer systematischen Erfassung der Elektrizität geführt. Er hatte herausgefunden, dass unterschiedlich hohe Spannungen

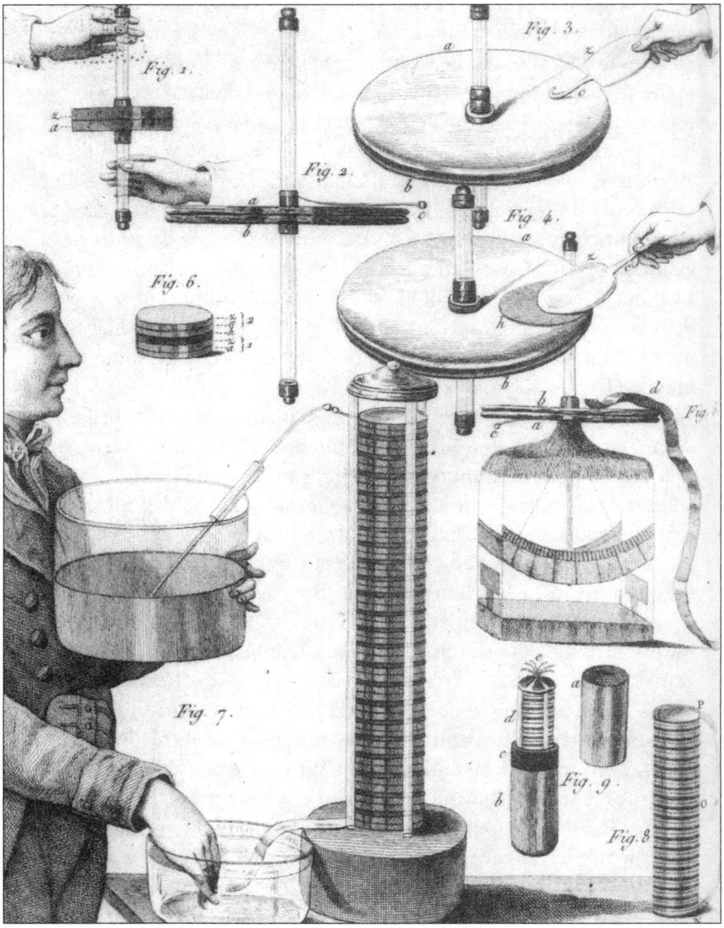

1801 präsentierte Alessandro Volta seine Experimente zur Elektrizität in drei Vorträgen vor der *Académie des Sciences* in Paris. Die Figuren 7, 8 und 9 der Schautafel aus der Veröffentlichung dieser Vorträge zeigen Volta'sche Säulen und ihre Verwendung zum Aufladen eines Kondensators.

entstehen, wenn Metalle – Zinn und Blei, Eisen und Kupfer, Zink und Silber, in allen Kombinationen – paarweise in Kontakt gebracht werden, und dass es neben diesen Leitern erster Ordnung Leiter zweiter Ordnung gibt, nämlich die Flüssigkeiten, die wir heute Elektrolyte nennen. Als Volta dann auch noch erkannte, dass die elektrische Wirkung sich erhöht, wenn die Metalle sich nicht direkt berühren, sondern durch eine feuchte Zwischenlage in Verbindung stehen, war eigentlich alles beisammen, um ihn seine folgenreichste Erfindung machen zu lassen, die Volta'sche Säule. Zwischen Glasstäben türmte er seine elektrischen Sandwiches: eine Scheibe Kupfer, eine Scheibe Filz, satt mit Schwefelsäure getränkt, und eine Scheibe Zink. Schicht auf Schicht ließ sich stapeln. Aus den Volta-Elementen floss der Strom wie von selbst, die Zeit mühseliger Reiberei und «Umfüllerei» war beendet. Volta hatte ein Türchen geöffnet, das schon bald zur großen Pforte ins Zeitalter der «strömenden Elektrizität» werden sollte. Dominique François Arago, einer der Entdecker des Elektromagnetismus, schrieb 1831, die Volta'sche Säule sei «das wunderbarste Instrument, welches die Menschen jemals erfunden haben».

Im Jahr 1800 meldete Volta seine Erfindung zum Patent an und beschrieb sie in einem Brief an den Präsidenten der Royal Society in London: «Über die Elektrizität, die durch den bloßen Kontakt leitender Substanzen verschiedener Art erregt wird.» 1801 reiste er nach Paris und führte seine Entdeckungen der Académie française vor. Aufmerksamer Zuhörer war der Erste Konsul Napoleon Bonaparte, drei Jahre später Kaiser der Franzosen. Der Korse verlieh dem Italiener eine goldene Medaille und setzte eine Pension für ihn aus. Größere Entdeckungen und Erfindungen machte Volta seitdem nicht mehr. Doch als er 1827 in seiner Heimat bei Como starb, hatten andere seine Entdeckung schon weiterverfolgt und -entwickelt.

Volta hatte nämlich keineswegs eine zutreffende Erklärung gegeben, was genau da eigentlich in seiner Säule geschah. Es war der Brite Humphry Davy, der nun Voltas Experimente aufnahm und weitertrieb. Davy erkannte, was Volta noch verschlossen geblieben war. Die Metalle, die Strom lieferten, veränderten sich, der Strom wurde durch chemische Vorgänge erzeugt. So führte die Suche nach dem Strom den Engländer auch zur Entdeckung neuer chemischer Elemente: Natrium und Kalium, Magnesium und Calcium.

Die Forschung ging weiter, in der Chemie und in der Elektrophysik. Was mit Volta begonnen hatte, fand seine Fortsetzung in den nächsten Jahrzehnten mit Ørstedt, Ampère und Faraday; Hauptthema wurde die Verwandtschaft von Elektrizität und Magnetismus. Ørstedts vierseitige Schrift «Experimente über den Einfluss eines elektrischen Stromes auf eine Magnetnadel» hatte die Fachwelt 1820 in Bewegung versetzt und die Epoche des Elektromagnetismus eröffnet. Etwa zehn Jahre später war man so weit, technische Anwendungen der Elektrizität zu erfinden und die Industrialisierung der neuen Kraft durchzusetzen. Zu den Pilotfiguren dieser Epoche gehörten Werner von Siemens und Thomas Alva Edison.

Leichter als Luft

Die Brüder Montgolfier und das Schauspiel der frühen Aeronautik

Der vielbeschworene Traum vom Fliegen hatte in der mythologischen Erzählung vom Sturz des Ikarus seinen lange, lange gültigen Ausdruck gefunden. Der Dämpfer saß, und die Menschen versöhnten sich notgedrungen mit der Schwerkraft, noch ehe Isaac Newton sie ihnen exakt beschrieben hatte. Leibniz legte den alten Menschheitstraum sogar mit großer Erleichterung zu den Akten, als er 1710 notierte: «Da hat Gott den Menschen sozusagen einen Riegel vorgeschoben. Könnten die Menschen auch noch durch die Luft fahren, so wäre ihre Schlechtigkeit rein gar nicht mehr zu zügeln.»

Zweihundert Jahre zuvor hatte ja Leonardo da Vinci noch die Utopie des Fliegens wiederbelebt, mit seinen vielen Skizzen über den Bau von Flügeln, mit seinem Studium des Vogelflugs. Aber Leibniz schien recht zu behalten, der Mensch blieb erdenschwer. Tatsächlich sollte der neue Ikarus noch lange auf sich warten lassen. Erst am Ende des 19. Jahrhunderts flatterte er in Berlin, hieß Otto Lilienthal und veröffentlichte 1889 ein Buch: «Der Vogelflug als Grundlage der Fliegekunst». Aber eben gerade nicht flügelschlagend sollte der Mensch das Reich der Lüfte erobern. Auftrieb gab die Physik; was Archimedes im Wasser entdeckt hatte, konnte am Ende des 18. Jahrhunderts auch im Luftmeer angewendet werden. Der leise Trick machte den uralten Traum wahr. Leichter als Luft, das war das Prinzip der frühen Aeronautik. Und dieses Prinzip gebot: Spare Gewicht! Vielleicht kein Zufall, dass es die Söhne eines Papierfabrikanten waren, die das erste taugliche Fluggerät der Menschheitsgeschichte bauten und am Vorabend der Französischen Revolution Paris, Frankreich, König, Adel, Volk und ganz Europa in Verzückung versetzten.

Am 4. Juni 1783 luden die Brüder Joseph und Etienne Montgolfier den Magistrat, Ständevertreter und Volk der kleinen Stadt Annonay im Rhônetal zu einem feierlichen Schauspiel. Am Vormittag schon waren alle auf den Beinen, Neugier, Unglaube und Sensationslust trieb die Menge auf den Markt. Zunächst war nichts zu sehen als ein riesiges Gebilde aus Leinen und Papier, das auf dem Boden ausgebreitet war. Doch nachdem die Montgolfiers ein großes Feuer aus feuchtem Stroh und Schafswolle entzündet hatten, leiteten sie den Qualm dort hinein, und es dauerte nicht lange, da war aus dem schlaffen Beutel ein stattlicher Ballon geworden, zwölf Meter hoch, fast rund und nun offensichtlich auch von mehreren Männern kaum zu halten. Auf Josephs Zeichen ließen sie ihn los, und der Ballon stieg, höher und höher. Die Menge jubelte. Fast zehn Minuten stand er über dem Tal, in 1000 Meter Höhe. Dann senkte er sich und trieb nordwärts, die wiederum schlaffe Hülle landete drei Kilometer weiter in einem Weinberg.

Dieser erste Flug eines Ballons war der Erfolg zweier ungleicher Brüder. Joseph, geboren 1740, war ein schlechter Schüler, umherschweifend, ohne Disziplin, doch hellhörig und geschickt in technischen Dingen. «Bemerkenswerte Intelligenz, aber trostlose Halsstarrigkeit», bescheinigte ihm ein Lehrer. Sein Vater schickte ihn nach vielen Eskapaden schließlich zur Erziehung auf ein strenges Internat der Jesuiten. Selbst das half nicht, Joseph entfloh dem Institut. Etienne dagegen, fünf Jahre jünger, war ein aufgeräumter Musterknabe, fleißig, ein talentierter Mathematiker und Logiker. Kurzum, die zwei ergänzten sich prächtig.

Sechzehn Kinder hatten Pierre und Anne Montgolfier.

Unweit von Annonay, in der kleinen Ansiedlung Vidalon, lebte die Familie des Papiermachers, der hier eine stattliche kleine Fabrik betrieb und Papier von allererster Güte produzierte. Auf die Ausbildung seiner Kinder hatte der Vater stets ein waches Auge. Pierre Montgolfier war ein früher Bildungsbürger, in seiner Bibliothek standen tausend Bände, gefüllt mit Literatur und Weltwissen.

Etienne studierte Architektur in Paris, Joseph blieb ein Vagabund. Kurz nach 1770 kehrten beide zurück an den Ort ihrer Kindheit und wurden Papierfabrikanten mit ausgeprägtem Hang zur Forschung mit Fasern und anderen Dingen. Joseph manövrierte seinen Betrieb bald in den Bankrott und begann 1780 in Montpellier das Studium der Rechte. Nach einem Jahr legte er das Examen ab und ging nach Avignon, um weitere Vorlesungen zu hören. Und dort, in der «Stadt der Päpste», machte er eine folgenreiche Bekanntschaft. Der Dominikanerpater Joseph Galien, vormals Professor der Philosophie und Theologie, hatte schon 1755 ein kleines Werk über «Die Kunst in den Lüften zu fahren» geschrieben. Das Buch präsentierte eine frei schwebende Phantasie über ein riesiges Luftschiff, das nicht wenig an Jonathan Swifts Fluginsel Laputa aus «Gullivers Reisen» erinnerte. Doch es enthielt auch allerlei Berechnungen, und unentwegt war darin von «leichter Luft» die Rede. Joseph jedenfalls nahm die Sache ernster als der weise Pater und kehrte 1781 mit Plänen im Kopf nach Vidalon zurück. Dort wartete bereits Etienne mit einem Zeitungsbericht auf ihn: In Paris hatte ein Mechaniker mal wieder die Vorführung einer Maschine angekündigt, die mit Flügelschlag nach oben wollte. Das konnte nicht gutgehen, meinten die Brüder und behielten recht.

Den schönsten Entwurf für ein Luftschiff aber hatte schon 1670 ein Jesuitenpater in Italien ausgearbeitet, also noch ein Geistlicher, der himmelwärts dachte. Francesco Graf Lana di Terzi war jedoch vor allem Naturforscher und Professor für

Mathematik in Ferrara. *La Nave Volante* nannte er sein Fluggerät – und ein fliegendes Schiff war es in der Tat, es hatte sogar ein Segel zum Steuern. Vier Kupferkugeln, luftleer wie die Magdeburger Halbkugeln des Otto von Guericke, sollten den kleinen Schiffskörper emporheben. Graf Lana hatte alles berechnet: Das Vakuum wog nichts und würde sein Schiff steigen lassen. Den Beweis für die Funktionstüchtigkeit konnte und wollte er indes nicht erbringen; er zweifelte, ob ein solches Gerät überhaupt gottgefällig sei: «Gott wird niemals zugeben, dass eine solche Maschine wirklich zustande kommt, um die vielen Folgen zu verhindern, welche die bürgerliche und politische Ordnung der Menschheit stören würden.» Was er düster ausmalte, waren Angriffe auf Städte von oben, mit «künstlichem Feuer, mit Kugeln und Bomben».

Es gab also eine Reihe von Anregern für die Brüder Montgolfier. Und das Wissen über die Luft und verschiedene Gase hatte in den zwei Jahrzehnten zuvor bedeutend zugenommen. 1766 hatte Henry Cavendish den Wasserstoff entdeckt, 1774 Joseph Priestley den Sauerstoff. Etienne hatte sich dessen Abhandlung «Über die verschiedenen Arten von Luft» beschafft. Aus Eisenspänen und Schwefelsäure stellten Joseph und er «brennbare Luft» her, Wasserstoff, und versuchten ihren Ballon damit zu füllen. Das war jedoch erstens zu teuer, und zweitens gelang es ihnen nicht, den flüchtigen Stoff in ihrer Ballonhülle zu halten. Zum Glück ging es auch einfacher: Joseph hatte beobachtet, wie ein Würfel aus Taftstoff, in den er Rauch gefüllt hatte, an die Zimmerdecke stieg. Die Brüder entschieden sich für das Heißluftprinzip und gewannen ihr «aerostatisches Gas», indem sie eine Mixtur aus Stroh und Schafswolle verbrannten. Ihre Versuche im Freien blieben allerdings nicht unentdeckt, Munkeleien und Gerüchte machten die Runde im kleinen Provinznest. Ein halbes Jahr später trauten die zwei Brüder sich zu, ihre Geheimnisse vor

Publikum zu offenbaren, und feierten schon bald den Erfolg von Annonay.

Da sie Konkurrenz fürchteten, ließen sie einen offiziellen Bericht über den ersten Flug ihres Ballons an die Königliche Akademie der Wissenschaften in Paris senden. Dort löste die Nachricht ungläubiges Staunen aus. Laplace, d'Alembert, Lavoisier, die versammelte Prominenz der Naturwissenschaften war ein wenig ratlos. Dennoch leitete man den Bericht an den König weiter. Unverzüglich befahl Ludwig XVI., eine Kommission einzusetzen. Antoine Lavoisier, der führende Chemiker seiner Zeit, übernahm den Vorsitz. Man wollte die Montgolfiers nach Paris einladen, damit sie ihr Experiment hier wiederholten. Aber die Entwicklung überschlug sich geradezu. Auf private Initiative wurde Geld gesammelt, die Brüder Jean und Noël Robert sollten einen Ballon bauen, und der allseits beliebte Physiker Jacques Alexandre César Charles wurde der wissenschaftliche Leiter des Unternehmens. Die Hauptstadt kopierte die Provinz auf eigene Rechnung.

Bereits am 27. August wurde der Ballon der Roberts auf dem Marsfeld befüllt. Hunderttausende von Schaulustigen waren erschienen, darunter auch Etienne Montgolfier. Was er sah, musste ihm Sorgen bereiten. Professor Charles hatte auf Wasserstoff gesetzt, und die Roberts hatten ihm die dafür notwendige dichte Stoffhülle angefertigt. Durch eine einfache Vorrichtung – ein Fass mit einem Kupferrohr – wurde der Ballon mit Wasserstoff gefüllt. Unter lautem Jubel stieg er auf und schwebte langsam davon. Zwanzig Kilometer weiter landete er in einem Dorf. Von erschrockenen Bauern wurde das Höllengerät in Stücke gerissen.

Kurz darauf begann Etienne Montgolfier auf einem Werkstattgelände in Paris mit dem Bau eines neuen Heißluftballons, der schon bald in Anwesenheit des Königs starten sollte. Natürlich sollte er größer und schöner werden als der kleine Ball des Professors. Genäht wurde er aus starker Leinwand, die dann von beiden Seiten mit Papier beklebt wurde. Theatermaler grundierten die Bahnen in prächtigem Blau, malten goldene Girlanden darauf und die Initialen des Königs. Bei einem Durchmesser von zwölf Metern hatte der Ballon eine Gesamthöhe von einundzwanzig Metern.

Etienne steckte mitten in der Arbeit, als hoher Besuch erschien, Benjamin Franklin. Der geschickte Diplomat hatte die französische Regierung bewegen können, die junge amerikanische Republik im Krieg gegen Großbritannien zu unterstützen. Und erst wenige Tage zuvor, am 3. September 1783, hatte die Amerikanische Revolution ihren Abschluss gefunden, im Frieden von Versailles erkannte Großbritannien die Unabhängigkeit seiner dreizehn ehemaligen Kolonien an. Benjamin Franklin konnte sich also in Ruhe über die Fortschritte der Luftfahrt informieren.

Einige Tage später marschierte die königliche Kommission auf, um sich das Gerät genauer anzuschauen. Etienne ließ Stroh und Wolle entzünden, der Ballon schwoll an. Dann zog ein Unwetter auf, und unter den Blicken der Kommission durchnässte Regen die Papierhülle, den Rest besorgte heftiger Sturm. Der Ballon war zerstört. Doch mit Hilfe seiner Freunde gelang es Etienne in weniger als einer Woche, einen neuen Ballon zu bauen, etwas kleiner, anders geformt – sein Rendezvous beim König musste Etienne nicht absagen.

Trotz der kurzen Frist für die Vorbereitung wollte er eine Idee nicht aufgeben: Seine «Montgolfière» sollte Tiere mit in die Lüfte nehmen. Joseph wollte sogar eine Kuh an den Ballon hängen, «mit einem Korsett aus grober Leinwand umgurtet, nach Maß geschneidert und mit mehreren Zugseilen auf dem Rücken festgeschnallt». Etienne verzichtete auf die Kuh im Korsett und entschied sich für einen kleinen Käfig mit einem Hammel, einer Ente und einem gallischen Hahn. Früh am Morgen des 19. September 1783 zog er mit seinen

Gefährten und dem verpackten Ballon nach Versailles, zum königlichen Schloss.

Auf dem Vorplatz war bereits das Podest errichtet worden, über dem der Ballon befüllt werden sollte. Erneut strömten die Schaulustigen herbei, über einhunderttausend sollen es insgesamt gewesen sein. Kaum war der König auf den Beinen, ließ er Etienne rufen, und der erstattete pflichtschuldigst Bericht über den zu erwartenden Verlauf des Experimentes. Für Ludwig XVI. und Marie Antoinette samt Hofstaat hatte man eine Tribüne errichtet. Etienne verwendete an diesem großen Tag nicht nur Stroh und Schafwolle, sondern legte auch noch alte Schuhe und einige Tierkadaver auf das Feuer. Es verbreitete einen derartigen Gestank, dass die Majestäten sich flugs wieder zurückzogen und die kommenden Ereignisse von einem Schlossfenster aus beobachteten. Ein Mörserschuss gab das Signal für das Befüllen des Ballons. Nach nur zehn Minuten stand er in voller Größe vor der Menge. Und so knapp die Vorbereitungszeit gewesen war, das herrliche Blau und die Girlanden zierten auch ihn. Auf einen zweiten Schuss hin wurden die Halteseile durchgeschnitten.

Schnell stieg der Ballon auf, geriet durch eine Windbö in gefährliche Schräglage, fing sich wieder und verharrte schließlich in gut einhundert Meter Höhe in der Luft, als wolle er sich dem König präsentieren, der mit dem Teleskop am Fenster fuchtelte. Dann trieb die Montgolfière ab. Nach etwa acht Minuten landete sie nördlich von Versailles in einem Wald. Zwei Jäger beobachteten die Landung und wurden Zeugen, dass auch die Tiere den Flug gut überstanden hatten. Nur der Hahn habe einen gebrochenen Flügel gehabt, woran aber vermutlich das aufgeregte Getrampel des Hammels Schuld gewesen sei.

Natürlich ließ der Flug von Versailles eine Frage offen, und allenthalben spekulierten die Leute darüber. Wenn die Tiere

es überlebt hatten, wie würde es dem Menschen in höheren Luftschichten ergehen? Das war das neue Projekt der Montgolfiers. Am 21. November war es so weit. Im Pariser Bois de Boulogne hob sich ein Ballon mit zwei Passagieren an Bord, Jean-François Pilâtre de Rozier und François d'Arlandes. Ein problemloser Flug, nach 25 Minuten landeten die zwei Aeronauten wohlbehalten. Am Abend besuchten d'Arlandes und Montgolfier Benjamin Franklin. Kaum hatten die beiden ihn wieder verlassen, schrieb Franklin an einen befreundeten Wissenschaftler der Royal Society in London: «Diese Methode, den Ballon mit heißer Luft zu füllen, ist billig und schnell, und man nimmt an, dass er für bestimmte Zwecke tauglich ist, so einen Pionier-Ingenieur emporzuheben, um einen Blick auf feindliche Armeen zu werfen, auf Festungen etc., Nachrichten zu übertragen, oder aus einer belagerten Stadt, um Signale zu entfernten Plätzen abzugeben.»

Und auch Professor Charles blieb nicht untätig. Am 1. Dezember startete er mit Noël Robert zu einem sensationellen Flug mit seinem Gasballon, machte eine Zwischenlandung beim Herzog von Chartres und stieg dann im Alleinflug wieder auf, bis auf eine Höhe von 3000 Metern! Trotz Ohrenschmerz und starkem Frösteln – «denn ich war in der Weste und mit bloßem Kopfe» – geriet der Professor in «spekulative Verzückung». Schon fast im All, ließ er lieber etwas Gas entweichen und kehrte auf die Erde zurück, um literarisch vollendet von seiner Reise zu berichten. Sein Einzug in Paris wurde zum Triumph.

Linke Seite: Der große Tag der Montgolfiers: Am 19. September 1783 fliegt ihr Ballon über dem Schloss von Versailles. Eine Windbö bringt ihn in gefährliche Schräglage, dann erreicht er eine Höhe von 100 Metern und treibt ab. Acht Minuten später landet der Ballon in einem Waldstück. Die Tiere im Korb, Hammel, Ente und Hahn, haben den Flug überlebt.

So begann die Luftfahrt nach dem leisen Prinzip «leichter als Luft». Georg Christoph Lichtenberg bewunderte den Einfall und die Tatkraft der französischen Brüder: «Montgolfiers Entdeckung ist allerdings sehr groß, und doch scheint sie jetzt so leicht. Man sollte denken, sie hätte jedem bei einer Bäcker-Wolken-Säule oder einem brennenden Haus einfallen müssen, wo die alten Lumpen und Briefschaften auf *Montgolfier'schem Gas* dem Himmel oft näher steigen als Pilâtre de Rozier. Allein, dass sie so leicht scheint, macht sie nur noch größer.»

In ganz Europa wurden nun Ballonflüge veranstaltet. Und trotz militärischer Hintergedanken, die mutigen Männer in den Körben vermittelten denen, die unten mit dem Kopf im Nacken standen, vor allem die unschuldige Begeisterung des Aufbruchs. Joseph Montgolfier wollte im Januar 1784 mit einem riesigen Ballon von Paris nach Lyon fahren. Doch seine Montgolfière riss kurz nach dem Start auf. Der teure Fehlschlag brachte die Brüder endgültig wieder zurück in ihre Papierfabrik. Etienne notierte seine Bilanz der Flugkunst: «Das ist eine schöne Frucht, aber sie ist nicht reif, und wir werden tot sein, bevor die Sonne der Praxis und Erfahrung sie gereift hat. Das ist ein Baum, der für unsere Enkel gepflanzt ist.»

Ballonflüge konnten böse enden. Im Juni 1785 gab es die ersten Todesopfer: Der Ballon, mit dem Pilâtre de Rozier und sein Begleiter Pierre Romain den Ärmelkanal überqueren wollten, entzündete sich und stürzte ab. Und wie eine Parabel menschlichen Hochmuts und von Selbstüberschätzung wirkt die Geschichte eines Fluges, der den Nordpol aus der Luft erobern wollte. 1897 startete der schwedische Ingenieur Salomon August Andrée mit zwei Gefährten von Spitzbergen aus. Wie einst Professor Charles, füllte er seinen Ballon aus chinesischer Seide mit Wasserstoff. Zwanzig Tonnen Eisenspäne hatte er mitgebracht. Sein Glaube an die Technik war immens: «Der Techniker dringt in alle Geheimnisse ein und wird Probleme lösen, an die der Gelehrte nicht einmal gedacht hat.» Mit Hurra-Rufen flogen sie los und wurden ganz schnell zum Spielball des arktischen Wetters: «Alles trieft, der Ballon wird arg heruntergedrückt», schrieb Andrée in sein Protokoll. Dann schürften sie nur noch über das Eis und blieben mit der leeren Hülle auf dem 82. Breitengrad liegen. 1930 fanden Walrossjäger die Überreste der Expedition, darunter auch einige Rollfilme, die ihr Ende für die Nachwelt sichtbar machten.

Wiedergeburt und Hochzeit erlebte das Prinzip «leichter als Luft» durch den Grafen Zeppelin und seinen Nachfolger Hugo Eckener. Vom Beginn des 20. Jahrhunderts an zogen die majestätischen Luftschiffe weltweit die Menschen in ihren Bann. Eine Episode blieb ihr Einsatz im Ersten Weltkrieg, ihre glanzvolle Zeit waren die zwanziger Jahre, als sie Europa und die Vereinigten Staaten im Linienverkehr verbanden. Das Ende der gleitenden Giganten kam, als sie schon Hakenkreuze trugen. Die Brandkatastrophe des LZ 129 *Hindenburg* in Lakehurst bei New York besiegelte 1937 das Ende der Luftschifferei, die so schön begonnen hatte und bis heute technische Phantasien beflügelt.

Von der Royal Society bis zum Ritt auf dem Dampfross

Viele Wege führten in diesem Kapitel nach England, nach London, in die ehrwürdige Royal Society. Wenn es im damaligen Europa eine Schaltzentrale der technischen Wissenschaften gab, dann war sie es. Und sie lag wohl nicht zufällig in dem Land, das damals unbestritten die Vorreiterrolle in Sachen Fabrikarbeit, Maschinisierung, Ausbeutung von Rohstoffen und Industrialisierung innehatte. Auch dass die Dampfmaschine ihren Siegeszug in England antrat, ist kein Zufall; für viele beginnt die Industrialisierung sogar erst mit ihr.

Die sogenannte industrielle Revolution – schon der Begriff ist nicht unumstritten – hatte jedoch viele Ursachen und lässt sich nicht allein durch technische Entwicklungen erklären. *Why was England first?* ist bis heute eine offene Frage. 1750 setzt in England ein deutliches Wachstum der Bevölkerung ein, von 6 Millionen auf 9,1 Millionen im Jahr 1801. Viele Menschen werden in dieser Zeit «mobil», viele Städte – Sheffield, Leeds, Manchester – verdoppeln, verdreifachen gar ihre Einwohnerzahl in jenen Jahrzehnten. Sorgenvoll aber fragten die damaligen Ökonomen, ob sich die Produktion der Nahrungsmittel entsprechend steigern ließe. So gab es Neuerungen in der Landwirtschaft, in der Betriebsführung, im Anbau. Die Fruchtwechselmethode verzichtete auf die Brache, stattdessen wurden Rüben und Klee angebaut, letzterer speicherte den für die Düngung der Böden so wichtigen Stickstoff. Technische Neuerungen dagegen gab es im Bereich der Landwirtschaft nur wenige. 1701 ließ sich der englische Rechtsgelehrte und Landwirt Jethro Tull – er war auch Organist in seiner Gemeinde – von den Orgelpfeifen zum Bau einer Drillmaschine inspirieren. Damit konnte er die Nachteile der Aussaat per Handwurf beseitigen: Die Maschine zog eine Furche, und durch eine sich verengende Röhre fielen die Samen exakt dort hinein. Die Pflanzen wuchsen nun in geraden Reihen, und das Unkraut dazwischen ließ sich statt in mühseliger Krabbelei übers Feld mit einem Pflug jäten. Zudem lagen die Samen windgeschützt in der Erde, man konnte ernten, was man gesät hatte. Die mühsame Arbeit mit dem Dreschflegel wollte 1786 der Schotte Andrew Meikle erleichtern. Er erfand eine Dreschmaschine, die zwischen zwei Walzen Spreu und Weizen voneinander trennte. Trotz solcher Neuerungen blieb die Produktivität im Ackerbau begrenzt, Getreidekrisen konnten jederzeit ganze Länder erschüttern. Erst Mitte des 19. Jahrhunderts führten neue Erkenntnisse über die Bodenchemie und die ersten Kunstdüngemittel zu merklich höheren Erträgen. Mit seiner Mineralstofftheorie war der deutsche Chemiker Justus von Liebig der entscheidende Pionier der Agrikulturchemie. Und erst am Ende des 19. und im Laufe des 20. Jahrhunderts setzten sich nach und nach die Maschinen durch, die wir heute kennen, vom Traktor bis zum Mähdrescher. Nach vielen, vielen Jahrhunderten erst verloren Pferd und Ochse ihre Funktion als die Zugtiere schlechthin.

Auch bei der Elektrizität dauerte es Jahrzehnte, bis sie wirtschaftlich nutzbar wurde. Dann aber entfaltete die neue Energie ihre ganze Verführungskraft, ihr Suchtpotenzial – bis heute. Man muss diese langen Distanzen im Hinterkopf behalten, um recht zu erfassen, was nach 1830 geschehen sollte, als Erfinder innerhalb weniger Jahre zu Großunternehmern werden konnten.

Gerade die Geschichte der Dampfmaschine zeigt, wie langsam das allgemeine Entwicklungstempo vor 1800 noch war, selbst in England. Um 1700 hatten Savery und Papin ihre

Maschinen gebaut, 70 Jahre dauerte es, bis James Watt die entscheidende Verbesserung gelang, und erst nach der Jahrhundertwende traf zu, was Boulton seinem Partner Watt schon 1769 ausgemalt hatte: «Es würde sich kaum lohnen, deine Motoren nur für drei Länder herzustellen. Aber für die ganze Welt lohnt es sich sehr wohl.» Rund hundert Jahre brauchte es also von der Idee bis zu ihrer Durchsetzung «am Markt», wie man heute sagen würde.

Um bessere Dampfmaschinen bauen zu können, brauchte man hochwertigen Stahl. England war zwar früh auch in der Eisenproduktion führend, aber aus den Erzen ein verwendungsfähiges Roheisen zu gewinnen war aufwendig und mühsam. Schon seit 1735 betrieb man die ersten Hochöfen ausschließlich mit Koks, was Qualität und Ausbeute erhöhte. Auch dieses Roheisen enthielt noch hohe Anteile an Kohlenstoff, Phosphor oder Schwefel. Henry Cort erdachte 1784 das sogenannte Puddelverfahren. Im Puddelofen wurde das flüssige Roheisen durchgerührt. Dabei wurden durch die heiße Luft und zusätzliche chemische Mittel die störenden Verunreinigungen entfernt. Der Puddler musste geschickt und ausdauernd sein, dann konnte er nach 24 Stunden einige Stahlklumpen aus dem Ofen ziehen. Dieser Stahl war ein begehrtes, teures Material, bestens geeignet für den Bau von Dampfmaschinen. Und Dampfmaschinen wurden bald auch auf einem weiteren Gebiet gebraucht, in der Textilindustrie, seit Jahrzehnten ein Vorbild der Modernisierung.

«Wer industrielle Revolution sagt, meint Baumwolle», hat der britische Historiker Eric Hobsbawm festgestellt. Schon 1733 war in England der erste teilmechanisierte Webstuhl konstruiert worden, 1764 entwickelte der Weber James Hargreaves seine *Jenny*, eine Spinnmaschine, der nur fünf Jahre später eine weitaus leistungsfähigere, von Richard Arkwright konstruierte Spinnmaschine folgte. 1785 gab es den vollmechanisierten Webstuhl. Nun verlangten *Jenny*, ihre

Schwestern und Brüder nach mehr Antrieb. Also wurden sie mit Dampfkraft betrieben, was die Produktion nochmals erhöhte.

Die Dampfmaschine wurde zur Kraftquelle für unzählige Fabriken. Mit Lederriemen wurden ihre Pferdestärken an mechanische Webstühle, Sägen, Walzwerke und Schmiedehämmer geführt, und ihr Bedarf an Kohle veränderte ganze Landstriche. Ob man die Kohle zum Eisen oder das Eisen zur Kohle bringt, war eine der Leitfragen der Epoche. Der Transport von Rohstoffen und Gütern, die Verbindung der Fabriken untereinander, blieb ein Problem. Noch fuhren die Fuhrwerke auf Wegenetzen, die schon in römischer Zeit bestanden hatten. Mit Kanalbauten wurden die Wasserwege erweitert. Erst als die Dampfmaschine mobil wurde, begann auch eine Revolution des Verkehrs.

Das Signal für die Binnenschifffahrt kam aus der Neuen Welt, aus der jungen amerikanischen Republik. 1807 erlebte New York die Jungfernfahrt eines *steamboat* auf dem Hudson. Das Schiff war fünfzig Meter lang, nur vier Meter breit und wurde von zwei seitlichen Schaufelrädern mit viereinhalb Meter Durchmesser angetrieben. Robert Fulton hieß der Mann, der dieses merkwürdige Schiff, die *Clermont*, gebaut hat. Seine Maschine hatte er in Europa gekauft, bei Boulton & Watt in Birmingham. 1797 hatte er in Paris noch versucht, Napoleon Bonaparte von seinem U-Boot *Nautilus* zu überzeugen, zwecks Vernichtung der englischen Flotte. Napoleon hatte dafür jedoch kein Ohr, er zog gerade gegen Ägypten. So wurde Robert Fulton eben ein Pionier der zivilen Schifffahrt.

Schon im Jahr 1804 war die Dampfmaschine auf Schienen gesetzt worden. Richard Trevithick konstruierte in diesem Jahr die erste Dampflok. Ihr Name war Programm: *Invicta*, die Unbesiegbare. George Stephenson, ein Grubeningenieur,

Die Dampfmaschine auf Schienen: Als man den Druck im Kessel erhöht hatte, konnte man kompaktere Maschinen mit hoher Leistung bauen. Richard Trevithick, Berbauingenieur aus Cornwall, nutzte das 1804 zum Bau der ersten Lokomotive. Sie zog zehn Tonnen Eisen und beförderte 70 Personen in vier Stunden über einen 15 Kilometer langen Schienenstrang auf der Zeche. George Stephensons *Rocket* brachte es 1829 zwischen Liverpool und Manchester dann schon auf 47 Stundenkilometer.

baute Lokomotiven für den Einsatz in Kohlebergwerken und stellte 1829 seine berühmte *Rocket* vor, die den Beginn des Eisenbahnverkehrs markiert. Zwischen Nürnberg und Fürth fuhr 1835 die erste deutsche Eisenbahn.

Mit der Eisenbahn nahm das Zeitalter der Maschinen Tempo auf. Viele Zeitgenossen waren vom fauchenden Dampfross geradezu verängstigt. Kein Wunder, vollzog sich die Entwicklung der neuen Technik und der Ausbau der Streckennetze doch in allen führenden europäischen Ländern mit atemberaubender Geschwindigkeit. Neben dem Bergbau, der Textil-, Eisen- und Stahlindustrie und dem Maschinenbau wurde das Eisenbahnwesen ein Leitsektor der wirtschaftlichen Entwicklung.

Die Überwindung großer Entfernungen in bisher ungekannter Geschwindigkeit löste Angst und Euphorie aus. Die Eisenbahn konfrontierte die Menschen wie keine andere Erfindung mit der neuen Welt der Technik. Heinrich Heine brachte die Revolution des neuen Tempos in scharfsichtiger Ironie auf den Punkt: «Durch die Eisenbahnen wird der Raum getötet, und es bleibt uns nur noch die Zeit übrig. Hätten wir nur Geld genug, um auch letztere anständig zu töten.» Und Adelbert von Chamisso schrieb ein ironisches Lobgedicht auf «Das Dampfross»:

Mein Dampfross, Muster der Schnelligkeit,
Lässt hinter sich die laufende Zeit,
Und nimmt's zur Stunde nach Westen den Lauf,
Kommt's gestern von Osten schon wieder herauf.
Ich habe der Zeit ihr Geheimnis geraubt,
Von Gestern zu Gestern zurück sie geschraubt,
Und schraube zurück sie von Tag zu Tag,
Bis einst ich zu Adam gelangen mag.

Aber mit der Eisenbahn fuhr man nicht retour, sondern mitten hinein ins technik- und fortschrittsgläubige 19. Jahrhundert.

Im Jahrhundert der Fabriken

Ein Erfinder war er auch, der «Reichskanzler der Physik», Hermann von Helmholtz. Den Augenspiegel hat er erfunden, das Ophtalmoskop, seitdem ein unentbehrliches Gerät für Augenärzte. Sein schottischer Fachkollege Maxwell bewunderte den preußischen *intellectual giant*, der mit ungeheurer Energie und Gründlichkeit in den unterschiedlichsten Fachgebieten forschte. 1847 hatte Helmholtz den Ersten Hauptsatz der Thermodynamik (den Satz von der Erhaltung der Energie) formuliert, er hatte eine physiologische Optik entworfen und die physiologischen Ursachen der musikalischen Harmonien zu ergründen versucht. Wie der Reichskanzler Otto von Bismarck wurde auch er vom preußischen Malerfürsten Franz von Lenbach in Öl porträtiert. Helmholtz gehörte in die Galerie der großen Köpfe.

Dass einem Physiker wie ihm solche Ehre zuteil wurde, zeigt, wie sehr die gesellschaftliche Geltung der Naturwissenschaften gestiegen war. Die Technik drang verstärkt ins öffentliche Bewusstsein. Die Einsicht, dass das in Gelehrtenstuben und Labors gewonnene Wissen mit bis dahin nicht gekannter Geschwindigkeit Alltag und Wirtschaft verändern konnte, wurde nun auch durch die tägliche Erfahrung immer handgreiflicher. Die Eisenbahn und ihr schnell wachsendes Schienennetz standen für diese Erfahrung ebenso wie die ersten riesigen Fabrikgelände mitsamt ihrer wohlüberlegten Organisation von Materialzufuhr und Arbeitsablauf. Technischer Fortschritt wurde mehr denn je auch zum nationalen Anliegen. Das konnte auf die Erfinderwelten nicht ohne tiefgreifenden Einfluss bleiben. Im Zeitalter der Industrialisierung gründen eine Vielzahl von Erfindern innerhalb weniger Jahre große Unternehmen.

Der amerikanische Technikhistoriker Thomas P. Hughes hat diesen komplizierten Wandel beschrieben, an dessen Ende die Ära der «Systembauer» stehen sollte: «Diese Systembauer haben der modernen technologischen Gesellschaft ihren Stempel aufgedrückt und gewaltige technologische Systeme geschaffen, die sich nicht nur aus technischen Bestandteilen zusammensetzen, sondern auch aus Bergwerken, Fabriken und Organisationen wie Handelsgesellschaften, Banken und Maklerfirmen.» Und dass solche industriellen Netzwerke und Imperien entstehen konnten, hängt nicht zuletzt mit der zunehmenden Organisierung des technischen Wissens zusammen. Was uns heute fast geläufig ist, beginnt im 19. Jahrhundert: Erfindungen werden geplant.

1888 wurde Hermann von Helmholtz der erste Präsident der Physikalisch-Technischen Reichsanstalt, einem «Institut für die experimentelle Förderung der exakten Naturforschung und Präzisionstechnik». Die Entwicklung neuer Verfahren und die Verbesserung der Messtechnik gehörten zu den vorrangigen Aufgaben dieses staatlichen Instituts, das damit durch den wissenschaftlichen Fortschritt den industriellen Fortschritt vorantreiben sollte. Auch die Ausbildung in den technischen Berufen wurde von staatlicher Seite systematisch organisiert. Die Pariser *École polytechnique* war das einflussreiche Vorbild für Polytechnische Schulen und Gewerbeschulen. 1806 und 1815 wurden die Institute in Prag und Wien gegründet, dann ging es immer weiter, Dresden, Stuttgart, München, Kassel, Hannover, Braunschweig, Darmstadt. Das waren Fachschulen für Handwerker, Fabrikanten und Ingenieure, aber auch für Lehrlinge mit Volks- oder Realschulabschluss. Und etwa ab der Mitte des Jahrhunderts entstanden Technische Hochschulen. Insgesamt war das ein machtvoller Prozess, die Verwissenschaftlichung der Technik wurde auf eine breite Basis gestellt, die Fachkenntnis hielt Einzug in den Fabriken.

Ein weiteres Phänomen ist nicht zu unterschätzen: Im Laufe des Jahrhunderts etablierten sich diverse technische Fachzeitschriften und Periodika, in Deutschland waren es um 1850 schon mehr als dreißig. Die Jahrbücher des Wiener Polytechnischen Instituts erschienen ab 1819, der Berliner *Verein zur Beförderung des Gewerbefleißes in Preußen* gab seine jährlich erscheinenden «Verhandlungen» ab 1822 heraus. In Augsburg begründete 1820 der Textilunternehmer Joh. G. Dingler ein im Cotta-Verlag erscheinendes «Polytechnisches Journal», das die neuesten Nachrichten über «die allgemeine Naturwissenschaft, die Chemie, die Mineralogie, die Pflanzenkunde, die Land- und Hauswirtschaft, die Maschinenlehre und Gewerbekunde, die Handels- und Warenkunde» zu verbreiten suchte. Im Jahr 1856 wurde der VDI, der *Verein deutscher Ingenieure*, ins Leben gerufen. Auch «alleinstehenden» Erfindern und beherzten Autodidakten stand das gesammelte Wissen nun schnell und aktuell zur Verfügung.

Trotz all dieser Entwicklungen hin zu Organisierung und Systematisierung, zur Forschung in den Laboren der Konzerne – das Erfinden blieb ein gesellschaftlicher Bereich, in dem immer wieder Überraschendes geschah, ein Distrikt für Abenteuer und Tragödien, für tüftelnde Einzelgänger und vernarrte Problemlöser. Und sie erfanden nicht nur Kleinigkeiten. Das Gummi etwa wurde von einem Autodidakten entwickelt, der keine wissenschaftliche Ausbildung erhalten hatte: Charles Nelson Goodyear, 1800 als Sohn eines Mechanikers in New Haven im amerikanischen Bundesstaat Connecticut geboren, fertigte in seiner kleinen Werkstatt Heugabeln und Sicheln, reparierte die Maschinen der Farmer und hatte es sich in den Kopf gesetzt, aus dem brasilianischen Rohkautschuk ein industrietaugliches Produkt zu machen. Kautschuk ist nicht mehr als eine klebrige Masse, elastisch zwar, aber nicht hitzebeständig. Immer wieder musste Goodyear ins Schuldnergefängnis, bevor er seine

Versuche fortsetzen konnte. Die Familie darbte, während er Kautschuk in der Bratpfanne schmolz, um ihn dann mit dem Nudelholz durchzuwalken. Nach einigen Erfolgen und vielen Rückschlägen entdeckt er 1839 schließlich am heimischen Herd, dass der Kautschuk die Klebrigkeit verlor, wenn man ihn auf gut 140 Grad Celsius erhitzt. Goodyear hatte den ganz speziellen Stoff gefunden, nach dem er Jahre suchte, das elastische und beständige Gummi. 1844 will er sein Verfahren zum Patent anmelden. Der Brite Thomas Hancock kommt ihm zuvor; er hatte Goodyear ausspioniert. Vor Gericht erstreitet sich Goodyear Patent, Erfinderehre und Lizenzgebühren. 1855 präsentiert er seinen neuen Werkstoff auf der Weltausstellung in Paris, ohne Rücksicht auf finanzielle Verluste. Seine Autobiographie lässt er auf Gummiplatten drucken. Nach alledem ist er wieder bankrott und sitzt im Gefängnis. 1860 stirbt Goodyear, müde, krank und hochverschuldet, in Washington. 38 Jahre später eröffnet der junge Frank Seyberling in Ohio eine Gummiproduktion. Zu Ehren des unbeugsamen «Gumminarren» trägt die Firma den Namen *Goodyear* und ist schon bald der weltweit größte Gummiproduzent, ein Reich aus Plantagen und Fabriken.

Die Anfänge der Fotografie verdanken sich ebenfalls einem Mann, der lange Zeit ganz für sich allein arbeitete, so allein, dass er manches, was bereits bekannt war, noch einmal herausfinden musste. Joseph Nicéphore Nièpce hatte als Sohn einer reichen, großbürgerlichen Familie aus Burgund genug Mittel, um seiner Leidenschaft zu frönen, das Licht einzufangen. Zuvor hatte er bereits mit seinem Bruder Claude versucht, einen Verbrennungsmotor für den Einsatz auf Schiffen zu bauen, keine Dampfmaschine, sondern einen Explosionsmotor, den sie mit Bärlappsporen betreiben wollten. Doch es gelang ihnen nicht. Nach diesem Misserfolg machte sich Nicéphore 1810 auf die Suche nach lichtempfindlichen Materialien, mit denen sich das Abbild im

Inneren einer Camera obscura festhalten ließ. Er begann mit Chlorsilber und sandte seinem Bruder die ersten Bilder aus dem häuslichen Garten. Details mussten allerdings erläutert werden: «Die konfuse Masse weiter unten ist unser Birnbaum. Du kennst ihn ja.» Aber Nièpce verwarf das Chlorsilber, er konnte die Bilder nicht fixieren. Dann trug er Asphalt auf seine Fotoplatten auf. Nach zwei Stunden Belichtungszeit fixierte er die Aufnahmen, die «Heliographie», mit einer Mischung aus Lavendelöl und Petroleum. Die erste erhaltene Fotografie stammt aus dem Jahr 1826.

Bald bekam Nièpce Besuch aus Paris: Louis Daguerre, ehemals Theatermaler, hatte begonnen, mit seinen Dioramen die Schaulust des städtischen Publikums zu befriedigen. Ein Diorama bot wechselnde Inszenierungen aus großen Gemälden und beweglichen Figuren mit Licht- und Toneffekten. Sonnenuntergänge, Alpenlandschaften und Vulkanausbrüche waren beliebte Themen dieser Vorform des Kinos. Daguerre erkannte die Bedeutung der neuen Heliographien und drängte Nièpce zu einer Zusammenarbeit. Nach dessen Tod setzte Daguerre die Versuche fort. Der Zufall kam dem Hobbychemiker zu Hilfe. Das Bild auf einer seiner mit Silberjodid beschichteten Platten wurde durch Quecksilberdämpfe fixiert. 1839 veröffentlichte er seine Erfindung der Daguerreotypie. So entstand die Fotografie geradezu aus dem mittelalterlichen Probiergeist der Alchemie. Am Ende sollte nicht das lang gesuchte Gold stehen, sondern das Abbild des Menschen, der aus der Zeit gerissene Moment. Fast schon ein Märchen der Selbsterkenntnis. Der britische Chemiker, Archäologe und Sprachforscher Henry Fox Talbot entwickelte fast zeitgleich das Negativ-Positiv-Verfahren, und mit der Erfindung des Rollfilms aus Zelluloid durch George Eastman 1884 war der Weg frei für den Fotoapparat als Lebensbegleiter.

Männer wie Goodyear, Nièpce oder Daguerre sind Ausnahmen, Erfinder, denen Zufälle helfen und die glücklicherweise nie ganz verschwunden sind. Ein so herausragender Erfinder wie Rudolf Diesel verkörpert dagegen viel eher den Trend des Zeitalters. Noch während seines Studiums stößt er auf die thermodynamische Frage, die sein Erfinderleben bestimmen wird. Mit einer bis auf äußerste angespannten Gewissenhaftigkeit schlägt er die Brücke von den Erkenntnissen der Naturwissenschaftler zur Praxis des Motorenbauers. Doch wiederum einer der bedeutendsten «Systembauer» überhaupt, bezeichnenderweise aus den USA, bewahrte in sich viel vom Abenteurertum des Autodidakten, war Erfinder alter Schule, eröffnete aber gleichzeitig die Perspektive der Zukunft. Thomas Alva Edison hat die Erfindung als solche zum Serienprodukt gemacht. «Industrie-Wissenschaftler» nannte er sich – die Bezeichnung war eine polemische Absage an die allzu ausgiebige Betrachtung naturwissenschaftlicher Grundlagen zugunsten der anwendungsorientierten Praxis im Labor. Auch wenn man sich hüten sollte, seine theoretischen Kenntnisse zu unterschätzen: Edisons Metier war das Probieren und Beobachten – er liebte die fast endlosen Versuchsreihen, *trial and error* bis zum Triumph. Werner von Siemens hatte da eine ganz andere, viel aufgeräumtere Vorstellung entwickelt: «Solange man eine Sache theoretisch in allen Punkten nicht übersieht, findet man überall Gespenster.» Und mit Gespenstern wollte Siemens nichts mehr zu tun haben. Edison ließ sich von ihnen nicht stören, sie inspirierten ihn sogar. Große Erfolge feierten beide.

Die neuen Techniken blieben nicht ohne Folgen: Das Jahrhundert der Industrialisierung verschlang Rohstoffe und produzierte neue Materialien. Auf Kanälen, Schienen und Chausseen wurden die Fabriken mit Rohstoffen aller Art versorgt. Es wurde zum Jahrhundert der rauchenden Schlote und stampfenden Maschinen, der wachsenden Städte. Es operierte aber ebenso mit den unsichtbaren Kräften, dem elektrischen Strom und am Ende auch mit elektromagnetischen Wellen. Es war ein Eldorado für Erfinder aller Art.

Kolossale Effekte per Telex und Dynamo

Werner von Siemens und seine Brüder

Nach langen, zähen Verhandlungen schritt die deutsche Nationalversammlung in der Frankfurter Paulskirche am 28. März 1849 zur Abstimmung. Schon am Vortag hatten die Abgeordneten mit knapper Mehrheit eine Verfassung verabschiedet und für das künftige Reich der Deutschen das Erbkaisertum beschlossen. Jetzt wählte dieses Parlament einen Hohenzollern zum Kaiser, den preußischen König Friedrich Wilhelm IV. Zur schnellen Meldung des Wahlergebnisses von Frankfurt nach Berlin stand die neueste Technik bereit, ein Telegraph. Erst im August 1848 hatte die junge Berliner Firma Siemens & Halske den Auftrag zum Bau der Linie erhalten und war rechtzeitig mit der Verlegung des Kabels fertig geworden, ein vielbeachtetes Meisterstück. Den preußischen König aber konnte auch der Charme der schnellen Technik nicht zum Wanken bringen. Mit barschen Worten lehnte der Herrscher von Gottes Gnaden die ihm von einem Parlament angetragene Krone ab. Damit begann das Scheitern der bürgerlichen Revolution von 1848, der Märzrevolution. In den Staaten des Deutschen Bundes nahmen die Monarchen wieder das Zepter in die Hand, Verfassung, Presse- und Versammlungsfreiheit wurden nicht gewährt. Gegen die Barrikadenkämpfer und ihre politischen Forderungen zogen die Truppen.

Erst 1871 wurde nach dem militärischen Sieg über Frankreich unter der Regie Otto von Bismarcks das Deutsche Reich ausgerufen. Im Spiegelsaal des Schlosses von Versailles wurde Wilhelm I. zum Kaiser gekrönt. Beide Daten sind nicht nur für die politische Geschichte Deutschlands bedeutsam, sie markieren auch wichtige Stationen im Prozess der wirtschaftlichen und industriellen Entwicklung. Seit Mitte des Jahrhunderts holte Deutschland den industriellen und technologischen Rückstand zu anderen europäischen Ländern auf. Und seit der Reichsgründung und dem Ende der Kleinstaaterei wurde es nach und nach zu einer der technisch und wissenschaftlich führenden Nationen. Die Elektrizität wird zur Schlüsseltechnologie. Und Werner von Siemens gehört zu den überragenden Protagonisten der Elektrotechnik.

Sein Lebenswerk ist von eindrucksvoller Übersichtlichkeit. Und wie es sich für einen Mann der Elektrizität gehört, ist er durch und durch zweipolig: Pionier der Schwachstromtechnik und der Starkstromtechnik, Wegbereiter der Telegraphie und der Stromerzeugung, gleichermaßen und zugleich Erfinder und Unternehmer, der durch seinen Einsatz für ein modernes Patentrecht und für die Gründung der Physikalisch-Technischen Reichsanstalt auch noch einen wichtigen Beitrag zur Wissenschaftspolitik liefert.

Bei Hannover, auf dem Gut Lenthe, wird Werner Siemens 1816 geboren. Vierzehn Kinder bekommen Christian Ferdinand und Eleonore Siemens, vier sterben, ehe sie erwachsen sind. Die Eltern leiten den landwirtschaftlichen Betrieb des Gutes, das von der Agrarkrise seit 1818 schwer getroffen wird. Sie ziehen 1823 nach Menzendorf im Fürstentum Ratzeburg, in der Nähe der kleinen Stadt Schönberg. Hier verlebt Werner Siemens eine freie, ausgelassene Kindheit in Wald und Feld, reitet mit dem Pony in die Stadtschule. Lange unterrichten Großmutter und Vater die Kinder jedoch selbst, später stellt der Vater verschiedene Hauslehrer an. Einer von ihnen, der Theologe Sponholz, beeindruckt den jungen Werner nachhaltig und weckt in ihm «das Gefühl der Freude an nützlicher Arbeit». Nur kurz und ohne Abschluss besucht Werner ein Gymnasium in Lübeck.

Früh schon interessiert Werner Siemens sich für Mathematik und die Naturwissenschaften. Angesichts der keineswegs üppigen Finanzen der Eltern will er die militärische Laufbahn mit technischem Studium einschlagen. Er besteht die Aufnahmeprüfung für die Preußische Artillerie- und Ingenieurschule, eine weithin anerkannte Lehranstalt. Dort wird Siemens zu einem auch in der Theorie sattelfesten Techniker. Die Jahre von 1835 bis 1838 zählte er zu den glücklichsten seines Lebens. Dann trifft ihn ein schwerer Schlag, 1839 stirbt seine Mutter, ein halbes Jahr darauf der Vater. Siemens, junger Offizier mit bescheidenem Gehalt, übernimmt nun die Verantwortung für seine jüngeren Geschwister.

Seinen ersten Erfolg als Erfinder aber feiert er in einer Gefängniszelle. Als Sekundant an einem verbotenen Duell zweier Offiziere beteiligt, landet er vor einem Kriegsgericht. Bevor er seine Strafe antritt, deckt er sich noch mit Geräten und Chemikalien ein. Seine laufenden galvanischen Versuche will er nicht unterbrechen. Wie ein moderner Alchemist ist er nämlich dem Goldmachen auf der Spur. Und in der Tat: Vor seinen Augen verwandelt sich ein «neusilberner Teelöffel», den er «mit dem Zinkpol eines Daniellschen Elements verbunden in einen mit unterschwefligsaurer Goldlösung gefüllten Becher tauchte, während der Kupferpol mit einem Louisdor als Anode verbunden war» in einen goldenen Löffel «vom schönsten, reinsten Goldglanze».

Nach nur drei Monaten wird Siemens begnadigt. Seinem Bruder Wilhelm gelingt es, das Patent auf die Vergoldung in England zu verkaufen, für 1600 Pfund, sage und schreibe 30 000 Mark. Trotz dieser Summe schlägt Siemens sich in den folgenden Jahren mehr schlecht als recht durch, macht einige kleine drucktechnische Erfindungen, baut erfolglos eine Schnelldruckpresse. Wichtig aber wird 1846 seine Konstruktion eines verbesserten Zeigertelegraphen – ein folgenreiches kleines Gerät. Der Zeigertelegraph war ein Vorläufer des späteren Fernschreibers und ermöglichte die Nachrichtenübermittlung über große Entfernungen. Samuel Morse in den USA und Charles Wheatstone in Großbritannien hatten bereits Telegraphen gebaut, 1837 war in New York eine Eisenbahntelegraphenlinie über 30 Meilen eröffnet worden. Dass eine Magnetnadel durch fließenden Strom eine Ablenkung erfährt, war das grundlegende Prinzip für den Bau von Telegraphen. Zu den ersten, die es in die Praxis umsetzten, zählten Carl Friedrich Gauß, der berühmte Mathematiker, und der Physiker Wilhelm Weber, beide Mitglieder im «Magnetischen Verein» der Universitätsstadt Göttingen. 1833 verdrahteten sie übers niedersächsische Fachwerk hinweg Sternwarte und physikalisches Kabinett. Per Buchstabencode sendeten sie die Nachricht: «Michelmann kommt». Und Michelmann, der Institutsgehilfe, kam. Der Weg war frei für elektrisch übermittelte Botschaften. Bis dahin hatte man sich mit optischer Telegraphie beholfen: Flaggenschwenkgeräte auf weithin sichtbaren Anhöhen wurden per Fernrohr abgelesen und die Botschaften flugs weitergeleitet. Bei schlechter Sicht war dann Ruhe im Äther, wetterbedingte Funklöcher.

1846 lernt Siemens bei einem Vortragsabend der *Physikalischen Gesellschaft* in Berlin den Mechaniker Johann Georg Halske kennen. Halske baut ihm den Zeigertelegraphen, akkurat und präzis, und schon ein Jahr später gründen die beiden die *Telegraphen Bau-Anstalt von Siemens & Halske*. Ein kleiner Betrieb in einem Berliner Hinterhof in der Schöneberger Straße mit drei Angestellten. Aber ein Kompetenzzentrum am rechten Ort, hatte doch der preußische Generalstab die Einführung der neuen Nachrichtentechnik bereits beschlossen. Siemens stand noch immer im Militärdienst, war zudem beratendes Mitglied der Telegraphenkommission, und in der Schöneberger Straße hatte man eine Presse gebaut, mit der sich elektrische Leitungen ohne Naht isolieren ließen. Guttapercha wurde dafür verwendet, die eingedickte Milch eines Seifenbaumgewächses aus Malaysia. Kurzum, Siemens & Halske und ihre inzwischen zehn Angestellten waren bestens vorbereitet, als im Sommer 1848 der Auftrag für die Verbindung nach Frankfurt kam.

Schnell folgten weitere preußische Staatsaufträge, Norddeutschland und das preußische Rheinland sollten vernetzt werden. Die kleine Firma konnte die Nachfrage kaum bewältigen, zumal ihre Geräte weitgehend in Handarbeit entstanden. 1851 dann der erste Rückschlag. Die Leitungen versagten. Schwefelbeimischungen im Guttapercha hatten die Kupferdrähte oxidieren lassen. Siemens sah die Ursache im Kostendruck durch die Auftraggeber und wusste Rat, die Probleme zu beseitigen. Aber die Regierung kappte den Draht zu der kleinen Firma. Das führte in der Schöneberger Straße natürlich zur Krise, doch die Geschichte der Firma mündete bemerkenswert früh in die Internationalisierung.

«Russland ist groß, und der Zar ist weit», sagt das Sprichwort. Das sollte sich ändern, das riesige Land war ein verheißungsvoller Markt. Schon 1851 lieferten Siemens & Halske 75 Schreibtelegraphen für die Linie von der Hauptstadt St. Petersburg nach Moskau. Im Jahr darauf reiste Werner Siemens zu Verhandlungen ins Zarenreich. Fernreisen waren damals noch eine Strafe, nicht nur in Russland, dort aber besonders. Siemens fand eine halbwegs erträgliche Sitzposition in der Postkutsche: «Man muss ganz frei und stark vorgebeugt auf seinem Koffer sitzen, damit das eigene Rückgrat die Feder bilde, die das Gehirn vor den heftigen Stößen der Räder auf den meist nicht allzu guten Straßen schützt. Versäumt man diese Vorschrift, so bekommt man unfehlbar bald heftige Kopfschmerzen.» Unverkennbar, hier spricht der Techniker und macht sein Rückgrat zum Stoßdämpfer.

Siemens' Bruder Carl, 24 Jahre alt, übernimmt die Leitung einer Filiale in St. Petersburg, baut eine persönliche Verbindung zum Chef der Staatstelegraphie auf, dem Grafen Kleinmichel, und kann weitere Großaufträge an Land ziehen. Von Finnland nach Petersburg und Moskau, weiter nach Kiew und Odessa, zur Krim und ins Baltikum, nach Warschau, unvorstellbare Entfernungen wurden nun überbrückt. 1853 sollte es ganz schnell gehen. Nach dem Ausbruch des Krimkrieges zwischen der Türkei und Russland um die Vorherrschaft am Schwarzen Meer drängten die Generäle auf einen Draht von Moskau nach Sewastopol. Siemens & Halske taten ihr Möglichstes, doch als die Verbindung stand, konnte 1855 nur noch der Fall der Festung auf der Halbinsel gemeldet werden. Gegen die vereinten Kräfte der Osmanen, Briten und Franzosen war sie nicht zu halten gewesen.

Wichtiger wurde danach der Londoner Stützpunkt der Firma. Wilhelm Siemens lebte schon lange in England und verfügte über gute Kontakte zu einschlägigen britischen Firmen, insbesondere zur Drahtseilfabrik R. S. Newall & Co., die zu den ersten Adressen im Kabelgeschäft zählte. Nachdem 1850 die britischen Brüder Brett ein Kabel durch den Ärmelkanal gezogen hatten, machten die Telegraphenlinien nicht mehr an den Küsten halt. 1857 erhielten Newall & Co. den Auftrag, Sardinien und Algerien per Kabel zu verbinden. Und durch Vermittlung Wilhelms wurde Werner Siemens als Berater daran beteiligt.

Das Seekabelgeschäft war riskant, geradezu abenteuerlich. Die endlosen, teuren Stränge, die die Schiffe mit sich führten, rissen immer wieder und sanken unwiederbringlich auf den Meeresboden. Oder sie waren abgerollt, bevor das Schiff sein Ziel erreichte. Werner Siemens machte sich an die Lösung des Problems – und zwar ganz grundsätzlich und mathematisch, wie es seiner Schulung entsprach. Entscheidend war, dass die Geschwindigkeit des Schiffes im richtigen Verhältnis zur Geschwindigkeit, mit der sich die riesigen Kabeltrommeln drehten, stand. Fuhr das Schiff zu langsam, kräuselte der Draht sich nutzlos auf dem Grund. Fuhr es zu schnell, baute sich ein ungeheurer Zug auf – das Kabel riss. Siemens ordnete alle Parameter, Gewichte, Geschwindigkeiten von Schiff, Trommel und Kabelsenkung, Meerestiefe. Dann rechnete er. Die angewandte Mathematik verhalf zum Durchbruch und zu weiteren Erfolgen auf dem englischen Markt. Aus dem Londoner Büro wurde ein eigenständiges Unternehmen.

Das Mittelmeer wurde nachrichtentechnisch durchkreuzt. Von der Küste des Osmanischen Reiches über die griechischen Inseln Chios und Kreta bis nach Ägypten zogen sich die mit Guttapercha umhüllten Drähte. In Woolwich – heute ein Stadtteil von London – eröffneten die *Siemens Brothers* bald ein eigenes Kabelwerk. Riskant blieb dieses Gewerbe trotzdem, bei der Verbindung zwischen Spanien und Algerien riss auch Siemens das Kabel. Johann Georg Halske wollte seine Nerven schonen und schied in dieser Zeit als Teilhaber aus.

Neue Dimensionen erschlossen sich die Siemens-Brüder mit zwei Großprojekten, der Indo-Europäischen Linie und dem Transatlantikkabel. London – Emden – Thorn – Warschau – Odessa – Tiflis – Teheran – Buschir – Karachi – Kalkutta, die Verbindung Großbritanniens mit seiner indischen Kolonie war eine organisatorische, technische und wirtschaftliche Herausforderung. 1868 wurde die Indo-European Telegraph Company gegründet, eine Aktiengesellschaft mit einem Gesamtkapital von 450 000 Pfund, an der das Unternehmen Siemens zu 20 Prozent beteiligt war. Trotz schwieriger politischer Verhandlungen, immer neuer Berechnungen der Rentabilität und Auseinandersetzungen mit einer konkurrierenden Gesellschaft wurde die Linie bereits im April 1870 eröffnet, und Wilhelm Siemens konnte den ersten Austausch von Telegrammen zwischen London und Kalkutta demonstrieren. Versand und Empfang, jeweils 11 000 Kilometer hin und zurück innerhalb einer Stunde. Bis 1931 blieb diese Linie, unterbrochen nur während des Ersten Weltkriegs, in Betrieb.

1855 war Neufundland telegraphisch angebunden, und seitdem hatte der Amerikaner Cyrus Field an einem Seekabel nach Europa gearbeitet. Auch Field suchte sich Partner und gründete mit ihnen die Atlantic Telegraph Company. Nach mehreren Anläufen, das erste Kabel hielt 1858 nur wenige Wochen, stand 1866 schließlich eine dauerhafte Verbindung. Carl Siemens hatte die Idee, dieses Monopol zu durchbrechen und ein Kabel auf direktem Weg zu legen. Werner und Wilhelm winkten anfangs ab, aber Carl konnte sie überzeugen. Für die Direct United States Telegraph Line ging er 1874 mit dem Kabellegerschiff des Hauses Siemens, der *Faraday*, auf große Fahrt, von der irischen Balinskelligs Bay nach Neuschottland. 2700 Kilometer Kabel hatte die *Faraday* an Bord. Das Unternehmen wurde ein einziger Nervenkrieg, Werner von Siemens hat darüber in seinen «Lebenserinnerungen» ausführlich berichtet. Und sein Bruder Carl bilanzierte erschöpft fünf «verlorene Lebensjahre», die ihm wie zehn vorkamen: «Ich bin hier geistig und körperlich auf den Hund gekommen.» Schlussendlich lag das Kabel auf dem Meeresgrund, finanziell blieb es ein Fehlschlag. Schon bald sollte das telegraphische Geschäft bei Siemens keine so große Rolle mehr spielen. Nach dem Tod von Wilhelm Siemens 1883 verlor das Londoner Unternehmen an Bedeutung.

Werner Siemens aber hatte mit einer weiteren kapitalen Erfindung 1866 eine neue Grundlage für das Unternehmen geschaffen: Mit seiner Entdeckung des dynamoelektrischen Prinzips wurde Siemens zu einem der maßgeblichen Wegbereiter der Starkstromtechnik, die in den folgenden Jahren enorme Bedeutung erlangen würde.

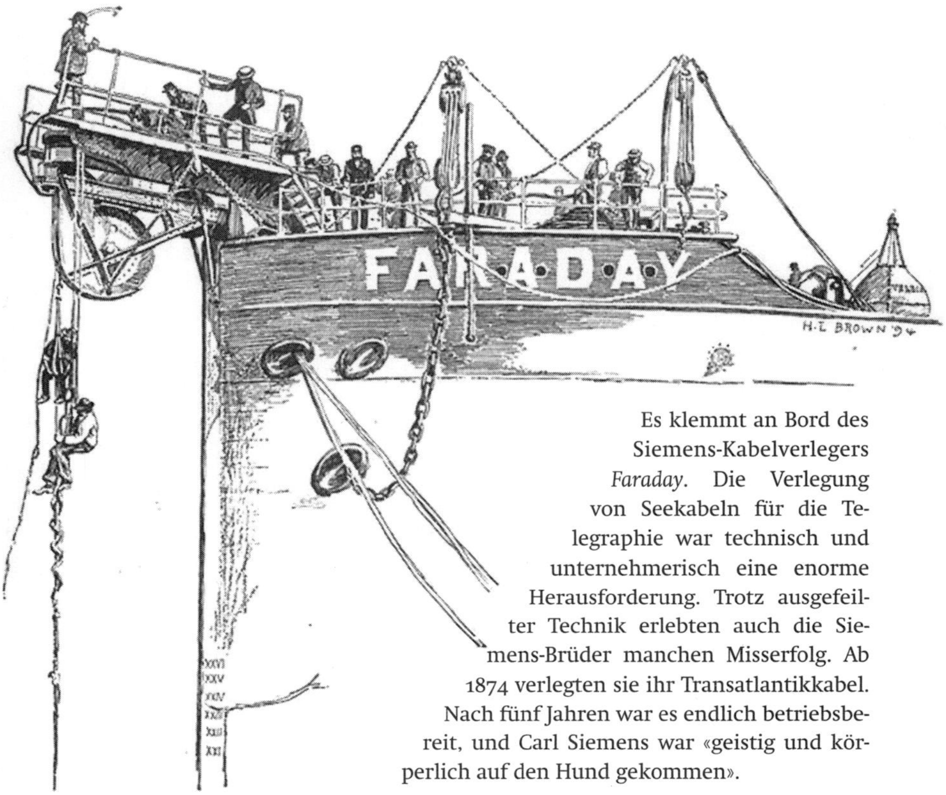

Es klemmt an Bord des Siemens-Kabelverlegers *Faraday*. Die Verlegung von Seekabeln für die Telegraphie war technisch und unternehmerisch eine enorme Herausforderung. Trotz ausgefeilter Technik erlebten auch die Siemens-Brüder manchen Misserfolg. Ab 1874 verlegten sie ihr Transatlantikkabel. Nach fünf Jahren war es endlich betriebsbereit, und Carl Siemens war «geistig und körperlich auf den Hund gekommen».

Es war Michael Faraday gewesen, der 1831 eine kleine magnetelektrische Maschine gebaut hatte, in der eine dicke Kupferscheibe zwischen den Polen eines Hufeisenmagneten rotierte. Durch die Bewegung des Leiters im Magnetfeld wurde Strom erzeugt. Der britische Physiker hatte also die elektromagnetische Induktion erkannt und einen ersten Dynamo gebaut. Nur ein Jahr später betrieb der Franzose Hippolyte Pixii einen Wechselstromdynamo. Den nächsten Schritt machte der Londoner Mechaniker Edward Clarke, bei dessen Apparat die Magnete aufrecht standen. Das Thema lag also in der Luft, und Siemens gab ihm den entscheidenden Dreh, indem er keinen Dauermagneten, sondern einen Elektromagneten im Dynamo zum Einsatz brachte. Der Siemens-Generator war eine besonders effiziente Konstruktion, die den Bau enorm leistungsstarker Geräte ermöglichte. Im Dezember 1866 schrieb Werner Siemens an seinen Bruder Wilhelm: «Die Effekte müssen bei richtiger Konstruktion kolossal werden. Die Sache ist sehr ausbildungsfähig und kann eine neue Ära des Elektromagnetismus anbahnen ... Magnetelektrizität wird hierdurch billig werden, und es kann nun Licht, Galvanometallurgie usw., selbst kleine elektromagnetische Maschinen, die ihre Kraft von großen erhalten, möglich und nützlich werden.» Das war eine denkbar zutreffende Vorhersage der weiteren Entwicklung. Und die kurze Passage zeigt, wie eng Erfinder und Unternehmer in Werner Siemens Kontakt hielten.

Er ist eine beispielhafte Gestalt dieser Epoche, konzentrierter Wissenschaftler und Erfinder wie weitblickender Organisator. Auf der Berliner Gewerbeausstellung präsentierte er 1879 die erste elektrische Lokomotive der Welt, und zwei Jahre darauf verkehrte in Berlin-Lichterfelde die erste elektrische Straßenbahn. Das war das Signal für das bevorstehende Ende der Pferdebahnen, die dem damaligen Stadtbild einstweilen noch einen ländlichen Hauch verliehen. Auf der Internationalen Elektrizitätsausstellung in Paris 1881 hießen die Stars Edison und Siemens. Siemens revidierte seine Bewertung der Glühbirne: Bislang hatte er der Gasbeleuchtung bessere Aussichten eingeräumt, nun schien ihm das konkurrierende elektrische System überlegen zu sein.

Das Unternehmen Siemens stand auf dem Sprung zum Weltkonzern. Werner Siemens operierte dabei nach wie vor mit einem ausgeprägten Familiensinn. Seine frühe Verantwortung für die Geschwister verlosch nie. Dem Bruder Carl schrieb er 1887: «So habe ich für die Gründung eines Weltgeschäfts à la Fugger von Jugend an geschwärmt. Welches nicht nur mir, sondern auch meinen Nachkommen Macht und Ansehen in der Welt gäbe und die Mittel, auch meine Geschwister und nähere Angehörige in höhere Lebensregionen zu erheben.»

Werner Siemens war zeitlebens auch ein «Wissenschaftspolitiker». Nicht zuletzt seiner Initiative und seinem Drängen war es zu verdanken, dass 1877 das deutsche Patentgesetz in Kraft trat, das die Dauer des Patentschutzes auf 15 Jahre festlegte und die Veröffentlichung der Patente vorschrieb. Deutschland, das Land der Kleinstaaterei, hatte auf diesem Gebiet dringenden Nachholbedarf. Noch immer galten hier undurchsichtige Patentregelungen, die den Namen nicht verdienten und die Erfinder im Stande der Entmündigung hielten. Nach dem preußischen Erlass von 1805 etwa war die Erteilung eines Patents ein willkürlicher Gnadenakt des Landesherrn, Nachfragen waren nicht gestattet.

Siemens' Verlangen, dass theoretische Wissenschaft und angewandte Technik in unmittelbarer Wechselwirkung zu stehen hätten, gipfelte in seinem Engagement für die Gründung der *Physikalisch-Technischen Reichsanstalt*. Die Industrie brauche Grundlagenforschung und hochwertige Messtechnik. 1883 stellte er schon mal das Baugrundstück in Berlin-Charlottenburg zur Verfügung, 1886 ließ er den Baubeginn ausrufen, ehe der Reichstag – fast schon notgedrungen – grünes Licht für das Institut gab.

1890 trat Werner von Siemens, der zwei Jahre zuvor geadelt worden war, die Führung des Unternehmens an seine Söhne und an seinen Bruder Carl ab. In Bad Harzburg diktierte er seine Lebenserinnerungen. Er starb 1892. Sein Unternehmen hatte damals weltweit rund 6500 Beschäftigte. Auf dem Waldfriedhof in Stahnsdorf bei Berlin liegt das Familiengrab. Ein von einer halbhohen Mauer aus Naturstein geschützter Hof, keine geschwungenen Ornamente, keine Statuen: Werner von Siemens im Kreis der Seinen.

Er war gewiss so etwas wie ein deutscher Edison, ein Selfmademan allemal. Das lenkt den Blick aber auch auf die Unterschiede zwischen beiden. Edison, ein Volksheld des Elektrischen, umgeben von einem Wildwuchs aus Ideen und Projekten – und Siemens, ein Patriarch, dem bei aller Agilität und Vielseitigkeit Ordnung und Systematik nie abhandenkamen.

Der Berserker im Lichtermeer

Thomas Alva Edison und sein Reich der 1000 Patente

Der Mann ließ keine Zweifel aufkommen: «Ich selbst bin die Organisation.» Das war seine Antwort an einen Professor, der ihn besuchte, um den berühmten Erfinder zu seiner Arbeitsweise und dem Aufbau seiner Unternehmen zu befragen. Der Staat, das bin ich, so sagte Ludwig XIV., der König des Absolutismus. Die Organisation, das bin ich, so sagte der König der Erfinder. Thomas Alva Edison hatte ein Faible für markige Sätze und ein Talent zur Inszenierung seiner selbst. 1888 ließ er sich in unverkennbarer Pose fotografieren, verschanzt hinter seiner neuesten Erfindung, einem Phonographen, wie Napoleon nach der Schlacht: 16. Juni, 5 Uhr morgens, nach 72 Stunden ununterbrochener Arbeit am technischen Gerät. Aber Edisons Ausspruch trifft durchaus zu. Er hat sich noch selbst organisiert, in großem Maßstab, mit eigenem Geld, immer wieder neu.

Sein Elternhaus stand in Ohio, nicht weit vom Eriesee, am Huron River, in einem Dorf namens Milan, wo Samuel Edison eine Holzhandlung betrieb. Aus Kanada brachten die Schiffe Stämme bester Qualität, die Edison zu Dachschindeln verarbeitete. Noch wenige Jahre zuvor waren hier die Siedler mit ihren Planwagen vorbeigekommen auf dem Weg nach Westen. Jetzt wandelte sich an den Großen Seen das Handwerk zur Industrie. Rauchende Schlote, Schiffswerften, Getreide- und Holzhandel. Auch die Edisons hatten zunächst von den rasanten Veränderungen profitiert. Doch 1853 war eine Eisenbahnlinie eröffnet worden, abseits des Dorfes Milan. Der Ort verlor schnell an Bedeutung, Samuel Edisons Betrieb bot keine Existenz mehr. Die Familie zog 1854 nach

Port Huron, eine aufstrebende Hafenstadt mit 4000 Einwohnern. Hier baute sich der Junge seine Welt. Im Keller richtete er sich ein Labor ein. Sein Taschengeld trug er in die Apotheke und erstand Chemikalien. Der Vater war skeptisch, fürchtete Explosives, doch seine Mutter unterstützte ihren Sohn. Sie nahm ihn aus der Schule und unterrichtete ihn selbst, kaufte ihm Lehrbücher der Physik und Chemie. Edison bastelte an Telegraphen, lernte das Morse-Alphabet, zog Drähte ums Haus.

Im Alter von elf Jahren verdiente Edison sein Geld als *train boy*: Jeden Morgen stieg er in den Zug nach Detroit und verkaufte in den Waggons Zeitungen, Obst und belegte Brote. 5000 Einwohner hatte die künftige Metropole des Automobils damals noch – und eine Bibliothek. Dort saß der junge Edison tagsüber und las: «Ich las die ganze Bibliothek.» Nur eines trübte das Glück des Jungen. Seine Hörkraft schwand.

Sein Chemielabor hatte der *train boy* bald reisetauglich gemacht und experimentierte jetzt auch im Gepäckwagen. Mit fünfzehn Jahren betrieb er an Bord eine eigene Druckerpresse und verkaufte den Fahrgästen druckfrisch sein eigenes Blatt. 1862 rettete Edison den kleinen Sohn eines Bahnhofsvorstehers vor einem heranfahrenden Zug. Dankbar machte ihm der Mann ein herrliches Geschenk: Er bildete den jungen Edison zum Telegraphisten aus.

So begann Edisons Karriere als Telegraphist. Und ständig arbeitet er an Verbesserungen der Geräte und der Übertragungsgeschwindigkeit. 1868 meldet er einen telegraphischen Stimmenzähler zum Patent an, keiner will das Gerät haben. Doch mit seinem «Universal-Börsenticker» feiert er seinen ersten beachtlichen Erfolg und baut sich eine Existenz als freier Erfinder in New York auf.

Die Telegraphie hat in diesen Jahren eine enorme Bedeutung, noch gibt es keine Telefone, und der Markt ist hart umkämpft. Zwischen der Western Union und der Atlantic &

Pacific Telegraph Company entbrennt ein Telegraphenkrieg. Immer wieder gerät Edison zwischen die Fronten, öffentliche Kampagnen und Gerichtsprozesse um technische Details begleiten schon seine frühe Laufbahn.

1875 hat Edison genug davon und sucht sich neue Arbeitsfelder. Er ist 29 Jahre alt und zieht aufs Land. Menlo Park wird sein neues Domizil, eine Ideenschmiede für neues Licht und neue Töne. Hier will er, unterstützt von dreizehn ausgesuchten Mitarbeitern, tüfteln und bauen, mit der stolzen Zielvorgabe: «... jeden zehnten Tag eine kleinere Erfindung, und eine große Sache alle sechs Monate.» Das klingt sehr großspurig, doch Edison erfüllte dieses Soll. Glühbirne, Telefon, Phonograph – mit einer Vielzahl von Erfindungen sollte Edison den Alltag revolutionieren. Fast immer griff er dabei die Entwicklungen anderer auf, löste wichtige Probleme im Detail, machte sie gebrauchstüchtig und brachte sie dann auf den Markt. Dabei kam ihm eine Technik zugute, die er schon als Telegraphist für sich entdeckt hatte: Edison war passionierter *powernapper*, das kurze Nickerchen ersetzte ihm oft genug den erholsamen Schlaf. Wenn all die Legenden stimmen, dann gehörte Ruhelosigkeit zu seiner Methode. Auch herbe Rückschläge durften die Arbeit nicht unterbrechen. Henry Ford, erst Mitarbeiter, dann vertrauter Freund Edisons, hat ihn dafür bewundert. Edison selbst hat sein Erfinder-Handwerk in einer berühmten Definition beschrieben: Genialität bestehe nur zu einem Prozent aus Inspiration, aber zu 99 Prozent aus Transpiration. Die Götter und der Schweiß, eine alte Geschichte.

Zu seiner ersten wichtigen Arbeit in Menlo Park wurde das Telefon. Der von Philipp Reis und Alexander Graham Bell erfundene Apparat war zwar funktionstüchtig, doch die Klangqualität war derart miserabel, dass selbst einfache Botschaften auf kurze Distanz nur durch Gebrüll zu übermitteln waren. Edison ertüftelte ein Kohlekörnermikrophon, welches das Rauschen unterdrückte: 1878 musste man nur noch laut sprechen und eifrig an der Kurbel drehen, um sich über 100 Kilometer weit mitzuteilen.

Die menschliche Stimme war für den schwerhörigen Erfinder zum faszinierenden Forschungsobjekt geworden. Zeitgleich mit dem Telefon erfand er seine Sprechmaschine, den Phonographen. Mit einer Membran wurden die Schwingungen der Stimme auf eine mit Paraffinpapier, später mit Zinnfolie überzogene Walze geritzt und konnten jederzeit wieder abgespielt werden. Groß war die Verblüffung über den Gesang aus der Konserve. Eine Minute andächtigen Lauschens pro Walze. Die Edison Speaking Phonograph Company feierte Erfolge, und Edison galt fortan als der Zauberer von Menlo Park, auch wenn der Phonograph nach 1888 von der Erfindung Emil Berliners verdrängt wurde, der Schallplatte aus Schellack: Der brave Hund vor dem Trichter hörte fortan die Stimme seines Herrn («his master's voice») und der Opernliebhaber ganze Arien.

Edisons bekannteste Erfindung aber wurde die Glühbirne. Und sie war wohl auch die folgenreichste, mündet ihre Entwicklung doch in den Aufbau von Stromnetzen und Kraftwerken. Die Glühlampe eröffnete ein ganz neues Kapitel in der Geschichte der künstlichen Helligkeit, selbst wenn die Menschen längst nicht mehr auf Kerzen oder Öllampen angewiesen waren: Es gab einerseits die Gasbeleuchtung, die angenehmes Licht spendete, allerdings auch für dicke Luft in Theater, Oper oder Wohnung sorgte. Die Gasflammen verzehrten den Sauerstoff, produzierten Wasser, Kohlendioxid, ja sogar Ammoniak und Schwefel; Tapeten, Zimmerschmuck und Gemälde wurden angegriffen. Spektakulärer, nein, sensationell war das elektrische Bogenlicht, das in Metropolen wie London, Paris und Berlin ausgewählte Straßen und Plätze in ein grelles Flutlicht tauchte: Elektrische Spannung entlädt sich dabei zwischen zwei Kohle-Elektroden und treibt diese zur Weißglut. Solche Leuchten wurden auf hohen Masten montiert und aus Batterien mit Strom versorgt. Vielen Zeitgenossen ging die einschüchternde Überdosis Helligkeit jedoch rasch auf die Nerven.

Seit 1870 fanden die Bogenlampen weitere Verbreitung. Als Edison sie kennenlernte, war er fasziniert. Schnell verfiel er auf den verlockenden Gedanken, ihre Vorzüge mit denen des Gaslichts zu vereinen: zentrale Versorgung durch ein Leitungssystem und gemäßigte Helligkeit vom Gaslicht, Geruchsfreiheit und Sicherheit vom elektrischen Licht.

Das Prinzip der Glühlampe war bekannt, doch hatte bisher niemand einen Glühfaden gefunden, der länger hielt als wenige Minuten. In einer großen Pressekampagne kündigte Edison nun an, eine Glühbirne für den Alltag zu entwickeln. Sein Ruf war mittlerweile so gewachsen, dass an den Börsen prompt die Aktien der Gasgesellschaften fielen. Der Rechtsanwalt Grosvenor P. Lowrey macht den Trommler für Edison und kann einige namhafte Investoren für die neue Gesellschaft gewinnen: Im November 1878 wird die Edison Electric Light Company gegründet. Edison stellt neue Leute ein und macht sich an die Arbeit.

Es sollte ein Triumph der Hartnäckigkeit werden. Alles kam auf die Qualität der Faser an, die in dem Glaskolben unter Vakuum zum Glühen gebracht wurde. Mehr als 6000 pflanzliche Stoffe wurden verkohlt und getestet, Papier, Garn, Kork, Zelluloid, Leinen, Haare, Holz. Im Oktober 1879 saßen Edison und seine Mitarbeiter vor einer Birne mit verkohlten Baumwollfäden. Andächtige Stille. Die Birne gab Licht, Stunde um Stunde, keiner ging zu Bett. Erst nach 40 Stunden zerbröselte der Faden. Das war der Durchbruch. Kurz darauf brachte es ein Faden aus Karton schon auf 170 Stunden. Edison rührte die Werbetrommel. Am Silvesterabend veranstaltete man ein Lichterfest in Menlo Park. Über

3000 neugierige Besucher kamen, um das elektrische Licht zu erleben. Doch eigentlich begann erst jetzt die Arbeit. Edison wollte beweisen, dass das neue Licht der Gasbeleuchtung ernsthaft Konkurrenz machen konnte und sich Tag für Tag bewährte. Dazu musste er nicht nur ein komplettes Stromnetz aufbauen, mit Dampfmaschinen, Dynamos zur Stromerzeugung und Leitungen zu den Haushalten, sondern auch sämtliches Zubehör produzieren: Lampenfassungen, Schalter, Sicherungen, Leuchter – ein enormes finanzielles Risiko. Doch sein Entschluss stand fest. «Da die Geldgeber ängstlich sind, werde ich das notwendige Kapital selbst zur Verfügung stellen. Die Losung heißt: Fabriken oder Tod!» 100 000 Dollar kostete gleich mal eine weltweite Expedition zur Suche nach noch besseren Pflanzenfasern. Japanischer Bambus erwies sich als Spitzenreiter, an die 1200 Stunden Brenndauer erreichten diese Fäden.

Wenig später entstand die erste Fabrik für die Produktion von Glühlampen. 133 Arbeiter, 1000 Birnen jeden Tag, noch war das weit, weit mehr, als sich verkaufen ließ. Dann erwarb Edison ein Grundstück in New York: Hier, unweit der Wall Street, sollte das Vorzeigeprojekt für das neue Beleuchtungssystem entstehen. Sechs riesige Dynamos sollten den Strom für ein ganzes Stadtviertel erzeugen.

Als die neue Anlage im September 1882 feierlich eröffnet wurde, schien es so, als hätte sich Edison verkalkuliert: Gerade mal 86 Kunden waren bereit gewesen, vom Gas auf Strom zu wechseln, für den Betrieb von 400 Lampen hatte man 23 Kilometer unterirdischer Stromleitung verlegt. Doch vier Jahre später lieferten mehr als 500 Kraftwerke allein in den USA Strom für die Kohlefadenbirnen vieler zufriedener Kunden. Edison zählte zu den größten Unternehmern im Land, das Imperium seiner Gesellschaften war 10 Millionen Dollar wert.

Allerdings hatte Edisons Konzept der Stromversorgung einen gravierenden Mangel. Edison verwendete Gleichstrom, und da der sich wegen der geringen Spannung nur über kurze Strecken leiten lässt, brauchte jedes Stadtviertel ein eigenes Kraftwerk. Wechselstrom dagegen lässt sich transformieren: Über Hochspannungsleitungen kann man weite Entfernungen überwinden und den Strom dort, wo man ihn braucht, wieder auf normale Spannung bringen. Auf diese Weise ist es möglich, viel größere, effektivere Stromnetze aufzubauen. Das hatte einer von Edisons Mitarbeitern erkannt. Nikola Tesla, gebürtiger Kroate, wurde zum Wegbereiter der Wechselstromtechnik.

Tesla – sein Name bezeichnet heute die Stärke von Magneten – war eine Ausnahmeerscheinung. War Edison der populäre Zauberer, so spielte Tesla in den Augen der Öffentlichkeit den geheimnisvollen Magier. Noch vor dem Italiener Marconi war er der drahtlosen Telegraphie, dem Radio, auf der Spur und baute 1896 einen Langwellensender. Mit seinem Tesla-Transformator erzeugte er Hochspannungen von 20 Millionen Volt, die sich in riesigen Lichtblitzen entluden. Bei Vorträgen ließ er eine Glühbirne in seiner Hand wie aus dem Nichts aufleuchten. Wie kein anderer verkörperte Tesla die visionäre Romantik, die viele Menschen damals mit der neuen Kraft verbanden.

1882 schon hatte der 26-jährige Tesla in Paris bei der Continental Edison Company angeheuert. 1884 kam er fast mittellos nach Amerika und arbeitete nun in Edisons Labor. Doch nur kurz. Für eine Verbesserung des Edison-Generators hatte ihm sein Chef eine Bonuszahlung von 50 000 Dollar versprochen. Tesla machte sich an die Arbeit, erfüllte seiner Meinung nach die Aufgabe und forderte den Bonus ein. Edison aber verweigerte die Zahlung. Tesla kündigte. Im April 1887 gründete er die Tesla Electric Company. In kurzer Zeit entwickelt Tesla nun Generatoren, Motoren und Transfor-

Der Mann, der selbst Edison in die Schranken wies: Nikola Tesla (1846–1943) unter künstlichen Blitzen in seinem Labor, um 1900. Zusammen mit dem Unternehmer Westinghouse entwickelte Tesla ein leistungsfähiges Wechselstromsystem, das 1891 im Niagara-Wasserkraftwerk installiert wurde.

matoren, alles, was man für den Aufbau eines Stromnetzes mit Wechselstromtechnik brauchte. Am 1. Mai 1888 wurden Tesla sieben einschlägige Patente erteilt. Edison ahnte wohl noch nicht, wie bald schon aus dem einstigen Mitarbeiter ein mächtiger Kontrahent werden sollte. Was zwischen diesen zwei Erfindern ausgetragen wurde, nennt man heute den Stromkrieg. Am Beginn der städtischen Lichtermeere stand das Duell zwischen Gleichstrom und Wechselstrom. Ohne Vorsatz, aus der Dynamik des Konflikts heraus, wurde Edison nun auch noch der Erfinder des elektrischen Stuhls.

Am 16. Mai, zwei Wochen nach der Anerkennung seiner Patente, hielt Tesla einen Vortrag im *American Institute of Electrical Engineers* über «Ein neues System von Wechselstromgeneratoren und Transformatoren». Hier lernte George Westinghouse den noch wenig bekannten Ingenieur kennen und war sich sofort über dessen Rang und Fähigkeiten im Klaren. Westinghouse war ein mächtiger Industrieller. Mit seiner Erfindung der Druckluftbremse für Eisenbahnzüge hatte er sein Imperium errichtet. 1886 war die Westinghouse Electric Corporation gegründet worden. Jetzt sah Westinghouse seine Chance, Edisons führende Stellung auf dem Strommarkt anzugreifen. Er bot Tesla für die exklusiven Rechte auf seine Patente eine Million Dollar. Das Bündnis gegen Edison stand.

Umgehend inszenierte Edison einen regelrechten Feldzug gegen seine Konkurrenten. Dabei nutzte er die weitverbreitete Auffassung, Wechselstrom sei gefährlich und in der alltäglichen Praxis nicht zu zähmen. Um das allen Leuten klarzumachen, schreckte er vor makabren Vorführungen nicht zurück. Überall im Land ließ er herrenlose Hunde und Katzen mit Wechselstrom malträtieren und zu Tode bringen. «To westinghoues» wurde die Praxis der öffentlichen Hinrichtungen genannt. Der schlimme Zirkus fand seinen Höhepunkt, als sogar ein Elefant unter Hochspannung gesetzt wurde und tot zusammenbrach. Bei der Stadtverwaltung in New York kam man angesichts dieser Vorführungen auf die Idee, mit dem Wechselstrom auch Todesurteile zu vollstrecken, und wandte sich diesbezüglich an Edison. Die erste Hinrichtung auf einem elektrischen Stuhl wurde 1890 im Beisein ausgewählter Pressevertreter zu einer entsetzlichen Tortur für den Todeskandidaten.

Den Erfolg des Wechselstroms konnte Edison mit seiner Anti-Werbung jedoch nicht verhindern. Ab 1889 entstand an den Niagarafällen das erste Wasserkraftwerk der Welt. Die Entscheidung, es mit Wechselstromgeneratoren auszurüsten, war ein Signal: 42 Kilometer bis Buffalo, die Stadt sollte leuchten. 1891 konnte der Betrieb aufgenommen werden, 1896 wurde es ausgebaut und arbeitete mit drei Tesla-Generatoren von je 5000 PS.

Diese herbe Niederlage trieb Edison keineswegs in den Bankrott oder in den Ruhestand. Aber er hatte genug von der Elektrizität, wollte sich nicht länger über die Risiken des Aktienmarktes den Kopf zerbrechen und zog sich allmählich aus diesem Geschäft zurück. Aus der Edison General Electric Company wurde die General Electric Company, heute eines der weltweit größten Unternehmen. Edison hatte noch genug Eisen im Feuer. Und er erschuf sich immer wieder neu, entdeckte neue Arbeitsfelder. Auch als reicher Unternehmer blieb er ein Erfinder wie in jungen Jahren. Er stieg in die Herstellung von Zement ein und produzierte Fertighäuser im Betongussverfahren. Sein Phonograph für das Ohr erhielt einen noch erfolgreicheren Bruder für das Auge: Mit seinem Kinetoskop baute Edison einen Vorläufer der Filmkamera, gesellte sich unter die Pioniere des Kinos und gründete 1893 die *Black Maria*, das erste Filmstudio der Welt. Dann entdeckte er einen neuen Missstand. Die Elektroautomobile waren mit schweren und wenig leistungsfähigen Bleiakkumulatoren ausgestattet. Noch war gar nicht absehbar, dass eines Tages die Fahrzeuge mit Verbrennungsmotor die Elektrowagen verdrängen würden. Umso stärker war die Hoffnung auf verbesserte Batterien mit geringerem Gewicht. Edison entwickelte einen vielversprechenden Nickel-Eisen-Akkumulator. Und wie so oft zögerte er nicht, sehr schnell in die Produktion einzusteigen. Eine neue Fabrik entstand, 450 Arbeiter wurden eingestellt. Wie ein Berserker trat Edison an, die automobile Welt zu verändern – und erlitt eine erneute Niederlage: Bald kamen die ersten Reklamationen. Die Batterien wurden undicht oder blieben weit unter der angegebenen Leistung. Unter großen finanziellen Verlusten stellte Edison die Produktion ein – und gab trotzdem nicht auf. Fünf Jahre lang forschte er weiter nach einer idealen Batterie. Im Grunde suchen wir heute noch danach. Die Revolution der Automobilindustrie aber leitete sein Freund Henry

Ford ein, mit der Fließbandtechnik machte er das Auto zum Massenprodukt. Und besiegelte mit dem berühmten Model T auch den Sieg des Verbrennungsmotors über den Elektroantrieb.

1000 Patente hat Edison im Laufe seines Lebens angemeldet. Fast um jedes gab es Streit und Prozesse. Seine Zeitgenossen trauten ihm alles zu. Ein Zeitungsroman von 1898 trieb das unter dem Titel «Edison erobert den Mars» bis in die hässliche Karikatur. Da ging es den Marsmännchen schlecht. Flugzeuge besprühten sie mit Gift.

Kaum einer hat so wie Edison den Alltag verändert. Er ist der Urvater des technischen Haushalts, ein Popstar der Technifizierung, ein Postillion der Machbarkeit: «Wir gießen selbst. Wir schmieden selbst. Können alles bauen, von der Damenarmbanduhr bis zur Lokomotive …» Er hat das Werkzeug und die Geräte für den *American way of life* gebaut. Seine Niederlagen im Stromkrieg und bei den Akkumulatoren schmälern seine Bedeutung nicht, im Gegenteil. Was würde einer wie er heute erfinden wollen? Als er im Oktober 1931 starb, wollte man ihm zu Ehren für eine Minute den Strom abstellen. Man ließ es bleiben. Zu riskant. So unentbehrlich hatte er sich gemacht.

Der Hochdruckmensch

Rudolf Diesel und sein Ringen um den thermischen Wirkungsgrad

Am 6. Mai 1912 bekam Thomas Alva Edison auf seinem Wohnsitz in Orange City Besuch aus Deutschland. Rudolf Diesel war gekommen, und die beiden Erfinder saßen im Arbeitsraum zwischen Entwürfen, Instrumenten und Modellen gegossener Zementhäuser. Ein Gipfeltreffen in freundlicher Stimmung. Doch bald schon musste Diesel wieder los. Termine. Denn er war im März 1912 mit seiner Frau nicht zu einer Vergnügungsreise in die USA aufgebrochen, sondern um eine gut vorbereitete Werbekampagne für den Motor zu führen, den er erfunden hatte. Kurz besuchten sie ihren Sohn Eugen in New York, dann ging es von einem Termin zum nächsten, Diesel hielt Vorträge, traf Industrielle, Professoren und Techniker. Alle wollten den «Zaubermeister» aus Deutschland kennenlernen, eine «technische und industrielle Walpurgisnacht», so nannte es Eugen Diesel. In den Zeitungen erschienen Artikel über das Ende des Kohle- und den Beginn des Ölzeitalters. Seit den sechziger Jahren des 19. Jahrhunderts waren immer mehr Ölquellen in den USA, in Pennsylvania und in Texas, entdeckt und Bohrungen ins Erdreich getrieben worden. Weltweit sprudelte schon bald das «schwarze Gold». Nach 1870 hatte die Standard Oil Company sich zu einem der mächtigsten Konzerne der Welt entwickelt und war 1911 zerschlagen worden. Der Name ihres Gründers steht für sagenhaften Reichtum: John D. Rockefeller.

Heute, wo das Ende des Ölzeitalters abzusehen ist, steht Diesels Motor wieder im Mittelpunkt der Debatten, ob mit dem Kürzel TDI oder als Bio-Diesel, jedenfalls mit Rußfilter.

Insbesondere die deutschen Fahrzeughersteller setzten in den letzten Jahren auf den Dieselmotor, um den Kraftstoffverbrauch ihrer Modelle zu senken. Im Vergleich zum Ottomotor, zum «Benziner», galt der «Diesel» früher als der langlebige, stets verlässliche, aber eben auch sehr zähe Antrieb. Mit dem zum Start erforderlichen Vorglühen mahnte der Motor schon vor Antritt der Fahrt zur Geduld, sein charakteristisches «Dieselgeräusch» war ein deutlicher Einspruch gegen sportliche Fahrmanöver. Diesel oder Benziner, das war einmal eine Frage des Temperamentes, ja ein Bekenntnis. Heute ist auch der Diesel leise und agil, dabei – wenn man sich in puncto Pferdestärken sinnvoll beschränkt – sparsamer denn je. Die aktuelle Frage bei der Suche nach dem Motor der Zukunft lautet: Diesel oder Hybrid? Den gemischten Antrieb aus Verbrennungs- und Elektromotor hat ein japanischer Hersteller erfolgreich auf den Markt gebracht.

Am 28. Februar 1892 wurde das Kaiserliche Patent 67207 gültig, eingetragen für den Ingenieur Rudolf Diesel unter dem Titel «Arbeitsverfahren und Ausführungsart für Verbrennungskraftmaschinen». Acht Jahre später, auf der Weltausstellung in Paris, wurde die neue Kraftmaschine dem Publikum präsentiert und mit einem Grand Prix ausgezeichnet. Der Motor, der die Dampfmaschine von James Watt ablösen sollte, stand bereit für seinen Siegeszug. Aber auch die Hybridtechnologie feiert auf ebendieser Ausstellung einen ersten denkwürdigen Erfolg. Der noch unbekannte böhmische Konstrukteur Ferdinand Porsche, damals 25 Jahre alt und Angestellter bei der Wiener Hofkutschenfabrik Lohner, stellt ein solides, alltagstaugliches Fahrzeug mit benzin-elektrischem Antrieb vor und wird ebenfalls mit einem Preis bedacht.

So haben beide Konzepte eine lange Geschichte und konkurrieren heute mit jüngeren Entwicklungen. Erdgas oder Wasserstoff setzt Fahrzeuge in Bewegung. Und unsere Debatten um den Brennstoff aus Pflanzen haben schon wieder eine schnelle, ernüchternde Wendung bekommen. Bio-Diesel, das ging einher mit der Vorstellung blühender Rapsfelder und unbeschwerter Fahrt. Dann fiel der Blick auf die Folgen, die die landwirtschaftliche Produktion von Brennstoffen haben kann, Einschlag wertvoller Waldbestände, neue Monokulturen, verringerter Anbau von Nahrungspflanzen.

Rudolf Diesel ist ein faszinierender Erfinder, sein Leben geprägt von innerer Dramatik, von unablässiger Anstrengung und Konzentration. Im Zentrum steht sein Ringen um den Motor. Das sei seine «schwarze Geliebte», hieß es im Freundeskreis; Diesel selbst sprach einmal, nachdem er in Nürnberg das mittelalterliche Folterinstrument gesehen hatte – einen Drahtkäfig, dessen Stacheln nach innen zeigten –, von seiner «eisernen Jungfrau».

1858 wurde Rudolf Diesel geboren, in Paris. Dort hatten sich seine Eltern niedergelassen. Theodor Diesel führte einen kleinen Handwerksbetrieb, in dem Maroquinerie angefertigt wurde, Feinlederwaren aller Art: Geldbörsen, Etuis, Reisetaschen. Ein Erfinder auch er: Theodor Diesel bereicherte sein Sortiment mit selbst ausgetüfteltem mechanischem Spielzeug. Seine Frau Elise, Tochter eines Gürtlermeisters, war für die Näharbeiten zuständig. Schon früh stand eine der neuen Maschinen aus dem Hause Singer in der Werkstatt. Keine Anschaffung so nebenher, nur selten waren die Diesels frei von Geldnot. Rudolf Diesels Sohn Eugen schilderte den Großvater als gewandt und unermüdlich, vielseitig interessiert, aber eher ziellos: «Realismus und Idealismus halfen sich nicht in ihm, sondern traten sich gegenseitig auf die Füße.» Hinzu kam eine Neigung zu übermäßiger Strenge. Einmal schickte er Rudolf gar mit einem Schild um den Hals zur Schule, auf dem «Ich bin ein Lügner» stand. Die Mutter hingegen «war sehr praktisch und klug, zielbewusst und von einer gewissen Härte». Keine unbeschwerte Atmosphäre, aber in Rudolf Diesel wuchs von Kindheit an ein gewisser Stolz, ein erstaunliches Selbstbewusstsein. Mit den Eltern, und oft genug auch gegen sie, wusste er früh um seine außerordentlichen Talente. Eugen Diesel resümierte: «Er sprach nicht gern von seiner Pariser Jugend.»

Befreiung brachte dem Zwölfjährigen die hohe Politik. Im September 1870, kurz nach Ausbruch des Deutsch-Französischen Krieges, mussten deutsche Staatsangehörige Frankreich verlassen. Hals über Kopf reisten die Diesels nach London, und Rudolf wurde zu Verwandten nach Augsburg geschickt. Christoph Barnickel, Professor der Mathematik, Lehrer an der dortigen Gewerbeschule, und seine Frau Betty wurden seine Pflegeeltern. Fünf Jahre sollte er in Augsburg bleiben. Die Stadt hatte 150 000 Einwohner und stand ganz im Zeichen der aufkommenden Industrie. Allein in der Maschinenfabrik Augsburg AG arbeiteten mehr als 600 Menschen. Für Rudolf ist alles neu und anregend. Er ist vierzehn Jahre und schreibt: «Liebste Eltern, mein sehnlichster Wunsch ist Mechaniker zu werden.» Kurz darauf besteht er alle Prüfungen der Gewerbeschule mit Bravour.

Und er setzt sich durch. Rudolf Diesel will studieren und bedrängt in Briefen die Eltern, die inzwischen wieder in Paris sind. Eines Tages kommt von der Technischen Hochschule München der Professor Karl Max von Bauernfeind, um die Augsburger Lehranstalt zu inspizieren. Als Musterschüler wird ihm Rudolf Diesel vorgestellt, und der Professor ist beeindruckt: Ohne dass der Knabe auf eine solche spontane Prüfung vorbereitet wäre, kennt er die Antwort auf jede Frage, die Bauernfeind ihm stellt. Prompt erhält Diesel das Versprechen auf ein Stipendium von fünfhundert Gulden. Damit beginnt er 1875 ein Studium in München.

Professor von Bauernfeind wird sein Mentor, und in seinem Kommilitonen Oskar von Miller, der einmal das

Deutsche Museum in München gründen soll, findet Diesel einen steten Freund. Zur Schlüsselfigur seiner Studienzeit aber wird Carl von Linde, Professor für Theoretische Maschinenlehre und führend im Bau von Kühlaggregaten. 1878 machte Linde in einer Vorlesung über Thermodynamik seine Studenten auf eine nahezu in Vergessenheit geratene, soeben wiederveröffentlichte Abhandlung eines französischen Physikers aufmerksam: «Betrachtungen über die bewegende Kraft des Feuers und die zur Entwicklung dieser Kraft geeigneten Maschinen» von Sadi Carnot. Diese Schrift – 1824 erstmals im Selbstverlag in einer Auflage von 600 Exemplaren erschienen und bald vergriffen – ist geradezu eine Gründungsurkunde der modernen Thermodynamik. Es blieb die einzige Veröffentlichung dieses Kometen am Physikerhimmel. Carnot starb 1832 im Alter von 36 Jahren.

Seine «Betrachtungen» beginnen mit unverhohlener Bewunderung für das industrielle England und seine Dampfmaschinen. Das theoretische Wissen über diese Maschinen aber sei beklagenswert. Carnot stellte eine grundlegende Frage: «Lässt sich aus Wärme, die von einer Temperatur auf eine andere fällt, ein Maximum an Arbeit gewinnen, und wenn ja, unter welchen Bedingungen?» Im sogenannten Carnot'schen Kreisprozess entwarf der Physiker einen idealtypischen Verlauf für Wärmekraftmaschinen. Die Wiederentdeckung Carnots fiel in eine Zeit, in der nicht nur Linde den geringen thermischen Wirkungsgrad der Dampfmaschinen – er lag unter zehn Prozent – beklagte. Rudolf Diesel machte sich umgehend «Notizen zur Wärmetheorie» und schrieb in seine Kladde: «Kann man Dampfmaschinen construiren, welche den vollkommenen Kreisproceß ausführen, ohne zu sehr complicirt zu sein? (11. Juli 1878)»

Eine Verbesserung der Dampfmaschine, das ist der Anfang seiner Passion für den Motor. Am Ende sollte etwas ganz Neues entstehen, und es ist bemerkenswert, wie konzentriert und systematisch Diesel vorgeht. Er hat geradezu schon einen Tunnelblick: Den Explosionsmotor von Nikolaus August Otto nimmt er gar nicht recht wahr. So ähnlich sich am Ende beide Motoren sein sollten, ihre Entstehung vollzieht sich auf getrennten Wegen. Mit Eugen Langen hatte Otto die erste Motorenfabrik in Köln-Deutz gegründet, die N. A. Otto & Cie. 1870 hatte der Betrieb 50 Mitarbeiter, und Otto arbeitete mit Gottlieb Daimler und Wilhelm Maybach an der Verbesserung von Gasmotoren. 1876 entstand der Ottomotor, den wir heute kennen, der Viertakter, in dessen Arbeitszylindern ein Gemisch aus Luft und Benzin durch einen Zündfunken zur Explosion gebracht wird. Die Welt hatte einen neuen Motor und Otto einen Patentstreit nach dem andern. Und Diesel operierte mit Carnot noch im Grundsätzlichen.

Kurz vor seinem Examen erleidet Rudolf Diesel eine Typhus-Attacke, damals eine tödliche Gefahr. Anfang 1880 holt er alle Prüfungen nach und erzielt das beste Ergebnis in der Geschichte des Münchener Polytechnikums. Carl von Linde engagiert ihn vom Fleck weg. Diesel geht nach Winterthur in der Schweiz. Dort produziert die renommierte Firma der Gebrüder Sulzer Maschinen aller Art, auch Lindes Eismaschinen. Plötzlich steht Rudolf Diesel, etwas verwundert, aber nicht ungeschickt, mit der Feile an der Drehbank. Doch die Perspektive ist geklärt: Diesel soll Lindes Mann in Paris werden, wo eine neue Eismaschinenfabrik entsteht. Eine Herausforderung: Beim Eis liebten es die Franzosen kristallklar. Auch das ein Fall für Diesel. Ende 1881 werden «Monsieur Rodolfe Diesel» zwei Patente auf die Herstellung von Klareis erteilt.

Es wird eine aufreibende Zeit für Diesel. Als Direktor der Pariser Fabrik ist er viel auf Reisen, hat technische Probleme zu lösen und muss die Firma repräsentieren. Wer aber könnte das besser als er, Diesel spricht Französisch seit seiner Kindheit und ist ein Mann mit Ausstrahlung, der sich auf dem gesellschaftlichen Parkett bewegen kann. Doch im Hinterkopf stecken seine Motorenpläne. Er macht Entwürfe für einen Ammoniakmotor. 1882 lernt er Martha Flasche kennen, eine Lehrerin. Im November 1883 heiraten die beiden, eine glückliche Verbindung, davon zeugen zahlreiche Briefe Diesels an seine Frau. Ihr vertraut er sich an: «Immer stärker wird der Wunsch in mir wach, mich von der Lumperei der lumpigen Eismaschinen los zu machen.» Und als die beiden 1886 im Allgäu Urlaub machen, da träumt er sich in die Zukunft: «Ich habe diese Nacht etwas Wunderbares erdacht, einen Wärmemotor, der durch die Sonnenwärme betrieben wird.» Tatsächlich fand sich in Diesels Nachlass der Entwurf «Idee einer von der Sonne bewegten Maschine».

Diesel mutet sich nun beides zu, ist Direktor für Linde und arbeitet «wie ein Pferd» an seinem Ammoniakmotor. Unter dem neu errichteten Eiffelturm rebelliert sein Körper: «Gestern hatte ich eine solche Krise von Kopfweh, dass ich mitten aus der Ausstellung lief, eine Droschke nahm und gerade noch vor Büroschluss zum Arzt kam.» Die ständige Anspannung wird den Erfinder Diesel nicht mehr verlassen. Diesel war wie der Motor, den er eines Tages zum Laufen bringen sollte, unter hoher Kompression, ein Hochdruckmensch.

1890 ziehen die Diesels nach Berlin. Hier hat Diesel die Idee, «Luft als im Motorzylinder arbeitendes Mittel und gleichzeitig als chemisches Mittel zur Verbrennung des Brennstoffes ebenfalls im Motorzylinder zu verwenden. Beides, Verbrennung und Arbeit, sollte sich somit im Arbeitszylinder des Motors vollziehen und dadurch den Dampfkessel überflüssig machen.» Woher dieser neue Gedanke? Diesel selbst schrieb dazu: «… das weiß ich nicht.» Auf mühevollen Umwegen kam ihm die Idee, die Otto ja im Grunde schon ausgeführt hatte. Doch ohne diese Umwege hätte es den Dieselmotor nicht gegeben. Der Unterschied zum Ottomotor ist deutlich: Was dort der Zündfunke übernahm, sollte bei Diesel die sehr, sehr hohe Kompression der Luft leisten – die heiße Luft entzündet den Brennstoff. In Berlin hatte Diesel sozusagen preußische Ordnung in die Brennkammer gebracht.

Das erste Patent auf seinen Motor meldete Diesel 1892 an, im Jahr darauf ein zweites mit abgeändertem Konzept. Noch immer gab Carnots Kreisprozess das Ziel vor; obwohl sich früh abzeichnete, dass das Ideal nicht zu verwirklichen war, war es für Diesel ein enormer Ansporn. Ebenfalls 1893 veröffentlichte er zudem sein Buch «Theorie und Konstruktion eines rationellen Wärmemotors». Jetzt aber – ehe das Patent verfiel – musste ein funktionsfähiger Motor konstruiert werden, und dazu brauchte es Geld. Diesel schrieb im Februar an Friedrich Alfred Krupp, den «Stahlriesen». Krupp hatte sechs Jahre zuvor die Leitung eines der größten Industrieunternehmen Europas übernommen und betrieb bereits ein Werk für Gasmotoren in Magdeburg-Buckau. Nach kurzen Verhandlungen erwarb Krupp die Diesel-Patente. Zusammen mit der Maschinenfabrik Augsburg, der späteren MAN, wurde ein Konsortium gegründet, dem schließlich auch die Firma Sulzer beitrat. Im Sommer 1893 begann Diesel in Augsburg mit der technischen Entwicklung.

Schon im August, nach vielen Versuchen mit unzureichender Verdichtung, erfüllte ein «Knall wie ein Kanonenschlag» die Werkstatt, Bauteile flogen durch die Luft – die erste Verbrennungsreaktion, endlich ein Lebenszeichen der Maschine! In den nächsten Wochen zogen schwarze Rußwolken durch die Werkstatt, dann und wann ein Feuerstrahl. Schließlich hatte einer der Mitarbeiter die Idee, den Auspuff ins Freie zu führen. Doch man kam nicht weiter, der Motor knallte und wollte nicht laufen. Im Februar 1894 leistete der Motor in seiner zweiten Variante erstmals mechanische Arbeit, einen kurzen Moment nur, aber immerhin. Dann gar stetiger Leerlauf, knapp eine Minute, 38 Umdrehungen. Diesel ist erschüttert, weint Tränen der Freude in den Armen seiner Frau.

Der Erfolg schien zum Greifen nah, doch Diesels Entscheidung, den Brennstoff nun dampfförmig einzubringen, war ein Irrweg. Bis Diesel das erkannte, dauerte es noch mal fast zwei Jahre, in denen er einen Misserfolg nach dem anderen erlebte. Alles wurde noch einmal durchgerechnet und überdacht, Brennstoffpumpe, Einblaseventil, Kolbenring, Gewicht des Schwungrads. Dann endlich, im Dezember 1896, stand der dritte Versuchsmotor bereit. Und schon beim ersten Testlauf zeigte er «große richtige Diagramme». Voller Erleichterung schrieb Diesel einen Brief an Krupp und versprach für Ende Januar «einen vollständig reifen, schönen und ökonomischen Motor». So war es. Bei der offiziellen Abnahme des Motors durch Professor Moritz Schröder von der Technischen Hochschule München erreicht der erste «Diesel» einen thermischen Wirkungsgrad von 26,2 Prozent. Er ist allen anderen Maschinen überlegen. Bis heute. Moderne Dieselmotoren setzen etwa 35, teils bis zu 40 Prozent der Energie des Brennstoffes in mechanische Arbeit um.

Mit der Vollendung des Motors begannen auch schon heftige Debatten, und Patentklagen führten zu nicht enden wollenden Prozessen, denn Diesel hatte im Lauf der Arbeit das, was seine Patente dargelegt hatten, nicht unwesentlich verändert. Diesel zog die bittere Lehre mit Gracians «Handorakel»: «Nie seine Sachen sehen lassen, wenn sie erst halb fertig sind; in ihrer Vollendung wollen sie genossen sein.» Damit spielte er insbesondere auf sein Buch von 1893 an.

Rudolf Diesel überstand alle Streitigkeiten. Er wurde Weltreisender in Sachen Lizenzverkauf. Ein reicher Mann, der nun in einer opulenten Villa in der Münchener Maria-Theresia-Straße residierte, fünf Badezimmer, ein rotes Auto

Ausstellung von Dieselmotoren der Firma Krupp 1897. Erst im Jahr zuvor war es Rudolf Diesel gelungen, einen funktionsfähigen Motor zu bauen. Krupp war über den Erwerb der Diesel-Patente finanziell maßgeblich an der Entwicklung beteiligt.

vor der Tür. Doch im Laufe der Jahre gerieten seine geschäftlichen Aktivitäten mehr und mehr außer Kontrolle. Eine Reihe von Fehlspekulationen mit Aktien und Grundstücken, der aufwändige Lebensstil, der Kauf von Ölfeldern in Galizien – Diesel übernahm sich und war schließlich hoch verschuldet.

Am 29. September 1913 ging er in Antwerpen an Bord des Dampfers *Dresden.* Er wollte nach England reisen, um dort eine neu errichtete Motorenfabrik zu besichtigen. Noch am Nachmittag schrieb er an seine Frau: «Es ist sommerlich warmes Wetter, nicht ein Lüftchen regt sich. Die Überfahrt scheint gut werden zu wollen.» Am nächsten Morgen in Harwich war Diesel nicht zu finden, in seiner Kabine alles unberührt. Zehn Tage später wurde sein Leichnam im Ärmelkanal entdeckt. Einige persönliche Gegenstände wurden Eugen Diesel übergeben: Pastillendose, Geldbörse, Taschenmesser. Diesels Tod bot sofort Anlass zu gewagten Theorien, die einen Selbstmord anzweifelten.

Sein Motor aber setzte den Siegeszug fort in Schiffen und Lokomotiven. 1912 wurde eine Lokomotive mit Dieselantrieb gebaut, kurz vor dem Ersten Weltkrieg wurde er in U-Booten eingesetzt. 1923 erschien der erste Lkw mit einem Dieselmotor. Ein wichtiger Schritt war die Dieseleinspritzpumpe, die 1927 bei der Bosch AG zur Serienreife entwickelt wurde, ein Kunstwerk der Feinmechanik. Aber erst 1936 erfüllte sich ein besonderer Wunsch Rudolf Diesels: Mit dem Mercedes-Benz Typ 260 D fuhr ein Pkw mit seinem Motor.

Von den Anfängen der Industrialisierung bis zum Fließband

Schaut man im Rückblick auf das späte 19. Jahrhundert, so scheint das gesamte Zeitalter ein einziges Kraftwerk geworden zu sein, in Europa wie in den USA. Zu den fast schon klassischen Sektoren der Stahlproduktion, des Eisenbahnbaus waren nun auch noch die aufstrebenden Sektoren der Chemie und der Elektroindustrie hinzugekommen. Dampfmaschinen, sie waren ja stetig weiterentwickelt worden und leisteten bis zu tausend Pferdestärken, hatten zur Hochzeit mit den neuen Generatoren bereitgestanden. Mit Edison und Tesla begann das Zeitalter der Kraftwerke und Stromnetze in den USA, in Deutschland wurde 1882 in München eine Stromfernübertragung demonstriert, und 1891 bauten der Russe Dolivo-Dobrowolski und Oskar von Miller eine Leitung vom Kraftwerk Lauffen am Neckar nach Frankfurt am Main. Das Angebot der vielen Siemens-Werke reichte jetzt von der Glühlampe über Elektromotoren und Dynamos jeder Größe bis zur kompletten Kraftwerksanlage.

Berlin, die Siemensstadt, wurde zu einer Metropole der Elektrizität, zur «Elektropolis». Siemens aber hatte Konkurrenz vor Ort bekommen: Der Ingenieur Emil Rathenau gründete 1882 die *Versuchsgesellschaft für elektrisches Glühlicht*, aus der bereits im Jahr darauf die *Deutsche Edison-Gesellschaft* wurde. Rathenau hatte sein Handwerk beim Berliner Lokomotivbauer Borsig gelernt. Sein Weg vom Dampf zum Strom führte ihn 1887 zur Gründung der *Allgemeinen Elektrizitätsgesellschaft*, der AEG. Die zwei Firmennamen standen schnell für mächtiges industrielles Wachstum, Deutschland wurde zur elektrischen Vormacht. 1903 gründeten die beiden Kontrahenten auf Drängen der Militärführung und des Kaisers sogar eine gemeinsame Gesellschaft, die *Gesellschaft für drahtlose Telegraphie mbH, System Telefunken.* 1913 bestritt die deutsche Elektroindustrie ein Drittel der Weltproduktion, beim weltweiten Außenhandel gar fast die Hälfte.

Doch bei aller Technik – das Fundament für die Industrialisierung verdankte sich nicht zuletzt den deutlich gestiegenen Erträgen der Landwirtschaft. Hier war die Kapitalbasis für die industriellen Gewerbe geschaffen worden. Von 1800 bis 1850 war es in Deutschland gelungen, die Menge der produzierten Lebensmittel zu verdoppeln. Die Gründe dafür sind vielfältig. Doch ausschlaggebend waren wohl die Agrarreformen und die Bauernbefreiung, die die jahrhundertealten feudalen Abhängigkeiten und Besitzverhältnisse durch einen neuen Agrarkapitalismus auf privatrechtlicher Basis ersetzten. Jahrzehnte dauerte dieser Prozess und hatte in verschiedenen Regionen ganz unterschiedliche Folgen. Vielen Bauern half die neue Freiheit wenig, sie überschuldeten sich und wanderten in die Städte. Die großen Güter übernahmen ihr Land. Auf diesen Gütern und Höfen aber kam es zu einer sich stetig verbessernden, effektiveren Bewirtschaftung. Neuerungen technischer Art spielten dagegen kaum eine Rolle.

Die erhöhte landwirtschaftliche Produktion konnte Armut und Elend allerdings nicht beseitigen, zumal die Bevölkerung so stark wuchs wie nie zuvor. Nachdem sich in Großbritannien die Zahl der Einwohner bereits zwischen 1800 und 1850 verdoppelt hatte, geschah dasselbe in Deutschland zwischen 1820 und 1900. 56 Millionen Menschen lebten dort nun. Mit dieser Bevölkerungsexplosion ging ein tiefgreifender sozialer Wandel einher. Das Überangebot an Arbeitskräften führte zu drastischen Lohnsenkungen, zu extrem gestiegenen Arbeitszeiten, zur Mitarbeit von Frauen und Kindern in den Werkstätten und Fabriken. Mit dem Begriff

Pauperismus bezeichnet man die massenhafte Verarmung ganzer Regionen und Bevölkerungsschichten. Die Abwanderung in die Städte war die unheilvolle Folge. Dort entstanden die Wohnquartiere einer wachsenden Industriearbeiterschaft, in denen Elend, Enge und beste Bedingungen für die Verbreitung gefährlicher Krankheiten herrschten. Auch dabei spielte England eine Vorreiterrolle, Friedrich Engels beschrieb «Die Lage der arbeitenden Klassen in England». So boten die Städte und Fabriken der Verelendung keinen Einhalt, sondern brachten das relative Gleichgewicht aus Landwirtschaft, Handwerk und sogenannter Verlagsindustrie – einer von Großkaufleuten organisierten Produktion von Gütern in Heimarbeit – aus dem Gleichgewicht. Erst nach einer dramatischen Phase des Übergangs bot der neue Sektor der Industrie mehr und mehr Arbeitsplätze und trug dazu bei, den Prozess der Verarmung aufzuhalten und schließlich umzukehren.

Hatte in England das Textilgewerbe am Anfang einer sich selbst tragenden Industrialisierung gestanden, so waren es in Deutschland Bergbau, Eisen- und Stahlindustrie und die Eisenbahn, die diesen sogenannten Take-off auslösten. Beispielhaft für die Expansion der Schwerindustrie steht in Deutschland der Name Krupp. 1811 errichtete Friedrich Krupp in Essen eine Gussstahlfabrik. Damit begann die Geschichte der mächtigen Unternehmerdynastie. 1865 baute sein Sohn Alfred, ebenfalls in Essen, das erste Werk, in dem das Bessemer-Verfahren eingesetzt wurde. Mit dieser ersten wirklich industriellen Methode konnte man nun hochwertigen Stahl in viel kürzerer Zeit und in großen Mengen produzieren. Als Rudolf Diesel sich an den Enkel des Firmengründers wandte, war dessen Unternehmen zum weltweit größten Stahlproduzenten und zu *dem* Rüstungskonzern des Deutschen Reiches schlechthin geworden.

Für den Aufschwung der chemischen Industrie stehen die Firmengründungen der 1860er Jahre: die *Badische Anilin- und Sodafabrik* (BASF) in Ludwigshafen, die *Hoechster Farbwerke*, die *Chemische Fabrik Griesheim-Elektron* in Frankfurt am Main. 1825 war das Benzol entdeckt worden, dreißig Jahre später wurde es der Grundstoff für den ersten Teerfarbstoff Mauvein. Dann wurden immer mehr synthetische Farbstoffe erfunden. 1885 bilanzierte die Handelskammer Barmen die schwindelerregende Entwicklung: «Wissenschaftlicher Drang und Not treibt den Chemiker, Jagd auf neue Erfindungen zu machen, der Patentschutz gibt vollkommenen Schutz für dieselben, veranlasst aber auch durch die Veröffentlichung der Patente und die wissenschaftliche Nacharbeitung derselben, dass die gewonnenen Resultate durch neue Verbesserungen in ganz kurzer Zeit überboten werden. Der Fabrikant ist kaum in der Lage, unter der Unmasse neuer – guter und schlechter – Erfindungen das wirklich Wertvolle herauszufinden.»

Die Geschwindigkeit, mit der nun technische Entwicklungen entstanden, war in der Tat enorm. Ein Beispiel dafür ist das Radio. Heinrich Hertz, Meisterschüler von Hermann von Helmholtz, entdeckte 1886 die elektromagnetischen Wellen, «sehr schnelle elektrische Schwingungen». Keine zehn Jahre später unternahm ein junger, gerade zwanzig Jahre alter Italiener, Guglielmo Marconi, seine ersten Versuche, aus diesem Phänomen die Rundfunktechnik zu entwickeln. 1897 hatte er seine Apparatur betriebsbereit und konnte über 15 Kilometer drahtlos Nachrichten übermitteln. Und er war nicht der Einzige, der die Telegraphie ohne Draht erprobte. Nikola Tesla überwand mit Langwellen bereits 30 Kilometer, und in St. Petersburg hatte schon Alexander Stepanowitsch Popow die ersten Signale durch den Äther schwingen lassen. Einmal mehr eine Erfindung, die in der Luft lag.

Und schon erstaunlich früh begann ein Prinzip sich durchzusetzen, das im 20. Jahrhundert dann zu einer ungeahnten

Steigerung der Produktivität führen sollte. Gerade kleine Geräte – Nähmaschinen, Fahrräder und Gewehre – waren es, die den Beginn der Serienfertigung markierten, die Anfänge der Fließbandfertigung und der kostengünstigen Produktion von Massenware. Die Montage vieler kleiner Bauteile verlangte geradezu nach einem präzisen Arbeitsablauf, in dem Schritt für Schritt das fertige Gerät entstand.

1870 bereiste der Berliner Fabrikant Ludwig Loewe die USA, besichtigte die dortigen Fabriken und kaufte eine Reihe moderner Werkzeugmaschinen. Er gehörte zu den ersten Unternehmern in Deutschland, die den Effekt von Standardisierung und exakter Normierung der Bauteile erkannten. Hohe Maßhaltigkeit durch Anfertigung nach Schablonen sowie der Einsatz spezialisierter Werkzeugmaschinen waren die Bedingung für die rationelle Massenfertigung.

Früh fiel also der Blick von Europa auf die USA, auf die «jugendfrische transatlantische Industrie», wie es der Techniklehrer Franz Reuleaux schon 1876 formulierte. Und auch Werner von Siemens verkündete, «dass in der Anwendung der amerikanischen Arbeitsmethode unser künftiges Heil liegt … Nur Massenfabrikation darf künftig unsere Aufgabe sein.» Rationalisierung der Produktion von A bis Z, das wurde das Leitthema am Beginn des 20. Jahrhunderts, als Frederick Winslow Taylor seine wissenschaftliche Betriebsführung entwickelte und den Arbeitern mit Argusaugen auf die Finger schaute – Kontrolle bis zum kleinsten Handgriff – und als Henry Ford nicht mehr Gewehre oder Fahrräder am Fließband bauen ließ, sondern Autos.

Utopien des Alltags und der Zukunft

Für viele Menschen hatte die machtvolle technische Entwicklung des 19. Jahrhunderts einen enormen Wandel ihrer Lebens- und Arbeitswelt mit sich gebracht. Die Welt war, vorerst vor allem in den Städten, gewissermaßen ganz neu eingerichtet worden. Die ersten Autos verbreiteten Lärm und Benzindunst, wirbelten Staub auf und brachten die vor die Fuhrwerke gespannten Pferde zum Scheuen. Die Klage über die rüpelhaften Herrenfahrer gehört ebenso zur Folklore des frühen Automobilismus wie die Begeisterung, unabhängig von den Schienensträngen der Eisenbahn die Landschaft entdecken zu können. Und auf den ersten Flugtagen bewunderten die Menschen die Künste der waghalsigen Piloten. Für Erfinder waren Auto und Flugzeug ideale Objekte: In unzähligen Werkstätten tüftelten sie auf eigene Kosten an Verbesserungen und neuen Bauteilen.

Technikkritiker bezweifelten den Wert all der neuen Sensationen, beklagten Radau und Hektik. 1908 gründete in Hannover der Philosoph Theodor Lessing einen «Lärmschutzverband». Der nervöse, überreizte Mensch wurde zum Thema, in Studien wie «Fabrikarbeit und Nervenleiden», in medizinischen Fachblättern, in den Zeitungen. Der «Moloch Großstadt» war dunkles Labyrinth und zugleich exaltierter Tummelplatz der technischen Errungenschaften. Opulente Warenhäuser, Lichtspielhäuser, elektrische Straßenbahnen, Oberleitungsbusse, künstliche Helligkeit – die ganze Stadt ein einziges «Kinematographentheater».

Die Technikenthusiasten gierten nach solchen Reizen und blickten geradezu ungeduldig in die Zukunft. Die Künstler des italienischen Futurismus priesen die Kraft, Geschwindigkeit und Schönheit der Maschinen. Der Maler Franz Marc notierte 1913: «Heute dröhnt die Welt unter der Schöpfung neuer Formen; alles zittert unter der Arbeit der wunderbaren Maschinen. Es gibt neue Bewegungen, neue Rhythmen, neue Formen, die Welt hat sich bis zum kleinsten Gegenstand verändert; und all dies vollzog sich in atemloser Schnelligkeit.» In seinen Bildern wollte er nicht mehr die bloße Erscheinung der Dinge wiedergeben, ihn faszinierten die Veränderung der Welt und Entdeckungen wie die Röntgenstrahlen; er wollte die neuen Formen und Rhythmen zur Darstellung bringen, seine Rehe waren rot, seine Kühe gelb und seine Pferde blau.

In diesen Jahren, besonders von 1910 bis 1913, entstand in den USA aber schon eine neue Produktionsmethode, die in der Technik- und Wirtschaftsgeschichte eine Schlüsselrolle spielen sollte. Mit einem Team gleichgesinnter Ingenieure und Planer baute Henry Ford in Michigan seine neue Fabrik *Highland Park*. Hier wurde ein einfaches, zuverlässiges Auto, das Model T, in Fließbandfertigung produziert. Fords Auto wurde zu einem erschwinglichen Massenprodukt, jährlich 19000 Fahrzeuge verließen die Fabrik. Sie erregte ungemeines Interesse: In Highland Park waren komplexe Abläufe von der Zufuhr des Materials und der Bauteile bis zur Endmontage des Automobils bis ins Detail durchdacht worden. Ein amerikanischer Journalist beschrieb seinen Eindruck von der Anlage mit dem Ausruf: «System, System, System!» Nicht zuletzt der Aufbau der Stromversorgungsnetze stand Pate bei der Planung des Produktionsflusses. Henry Fords Fabrik markiert den Beginn der industriellen Automobilproduktion, ja der Serienfertigung komplizierter Produkte überhaupt.

In Europa war zu dieser Zeit der Autobau noch eine Sache von Werkstätten und Betrieben mittlerer Größe, irgendwo zwischen geradezu handwerklicher Fertigung und Fabriken der ersten Generation, in der vorwiegend sündhaft teure

Luxusfahrzeuge hergestellt wurden. In den zwanziger Jahren gab es zwar intensive Debatten und Bemühungen, den Anschluss an das amerikanische Vorbild zu finden, aber der preisgünstige Kleinwagen in hohen Stückzahlen wurde, trotz vieler Prototypen, nicht gebaut. Viele Versuche scheiterten an den enormen Investitionen, die eine Fabrik nach dem Vorbild Fords erforderte. Eine Ausnahme in Deutschland war die Familie Opel, die in Rüsselsheim die modernste deutsche Autofabrik errichtete und das Marktsegment der erschwinglichen Autos auf lange Zeit dominierte.

Erst unter dem nationalsozialistischen Regime gab es einen neuen, entschiedenen Versuch, einen Kleinwagen für alle zu produzieren. Ferdinand Porsche entwarf den «Volkswagen» und wurde ab 1936 auch zum Chefplaner des Volkswagenwerks bei Fallersleben. Es sollte zum modernsten Autowerk Europas werden, und das Vorbild der Planer war noch immer: Henry Ford. Auch Porsche reiste in die USA, sah sich die Autowerke in Detroit an und besuchte den betagten Pionier des Fließbands. Doch als das neue Werk fast fertig war, hatte Hitler schon den Weltkrieg begonnen.

Der Zweite Weltkrieg wurde schneller und mehr noch als der Erste Weltkrieg zu einem Kampf der Ressourcen und Industrien. Und das «Talent zur Massenproduktion», eine Formel des amerikanischen Präsidenten Roosevelt, trug entscheidend zum Ausgang des Krieges bei. Die amerikanische Industrie, allen voran Ford, General Motors und Chrysler, bauten riesige Produktionsstraßen für Schiffe und Flugzeuge, die die Grenzen bisheriger Fließbandfertigung sprengten. Als der Pilot Charles Lindbergh die Ford-Flugzeugfertigung von Willow Run gesehen hatte, sagte er, dies sei der «Grand Canyon der mechanisierten Welt».

Das waren ungeheure Dimensionen, die da in drei, vier Jahrzehnten zur Wirklichkeit geworden waren. Übertroffen wurden sie freilich von teils wilden Utopien einer technischen Zukunft. Der Architekt Herman Sörgel verfolgte sein Leben lang ein geradezu unwirkliches Großprojekt: Durch riesige Dammbauten wollte er den Wasserspiegel des Mittelmeeres senken. Der Unternehmer Hugo Junkers widmete sich einer viel realistischeren Utopie, die noch in den zwanziger Jahren zur Wirklichkeit werden sollte. Er wurde zu einem der maßgeblichen Pioniere der zivilen Luftfahrt, versorgte mit seinem Unternehmen aber auch die Haushalte mit Warmwassergeräten – und das so erfolgreich, dass er seine Leidenschaft für die Flugzeuge damit querfinanzieren konnte.

So steht Junkers auch für eine Entwicklung, die im letzten Drittel des 19. Jahrhunderts bereits begonnen hatte. Aber sie sollte nun eine neue Qualität erreichen. Die Technik zog in den Alltag der Menschen ein. Büro, Haushalt und Freizeit wurden technifiziert. Schreibmaschine, Grammophon und Telefon, schließlich auch Radio, Fotoapparat, Filmkamera, Fernseher und Tonbandgeräte wurden von bewunderten ersten Exemplaren zu Massenprodukten. Waschmaschine und Kühlschrank in jeder Wohnung verdrängten nach und nach die Wäschereien und Kühlhäuser, wie sie bereits seit den zwanziger Jahren in modernen Wohnanlagen zu finden waren. Ein nicht endender, sich durch begrenzte Lebensdauer der Geräte und immer neue Erfindungen selbst erhaltender Prozess, uns heute allzu selbstverständlich. Mit Konrad Zuse blicken wir zurück auf die Anfänge der Computertechnik, auf die ersten Schritte ins digitale Zeitalter, auch das ein Weg von wenigen Einzelexemplaren – Riesenrechnern für Wissenschaft und Industrie – bis zum Alltagsinstrument für jedermann. Drei Erfinder aus Deutschland also, aber sie stehen durchaus stellvertretend für internationale Entwicklungen.

Noch am Ende des 19. Jahrhunderts wurden zwei Entdeckungen gemacht, die etwas ganz Neues signalisierten und so etwas wie Vorzeichen auf das 20. Jahrhundert waren. Die Menschen hatten sich gerade erst mit der geheimnisvollen Elektrizität vertraut gemacht, da entdeckte 1895 Wilhelm Conrad Röntgen eine merkwürdige Art der Strahlung, die fast alles durchdrang und nur durch schwere Bleiplatten abgeblockt werden konnte. Und 1898 entdeckten Marie und Pierre Curie die Elemente Polonium und Radium und das Phänomen der Radioaktivität. Das waren geheimnisvolle Energien, die irgendwann in technische Anwendungen münden mussten. Die Wechselwirkung zwischen Naturwissenschaften und Technik, wie wir sie seit dem ausgehenden 18. Jahrhundert kennengelernt haben, erreichte im 20. Jahrhundert ein neues Niveau: Die kleinsten Teilchen wurden zu den größten Themen.

Verheerender als je zuvor zeigte die Technik aber auch ihre Kehrseite. Zwei Weltkriege stehen in diesem Jahrhundert, am Anfang und in der Mitte. Am Anfang des Ersten Weltkrieges wurden chemische Kampfstoffe eingesetzt, am Ende des Zweiten Weltkrieges Atombomben gezündet. Monströser kann ein Jahrhundert kaum sein. Darum steht hier zu Beginn ein «Porträt» des Ersten Weltkrieges. Auf schrecklichste Weise erlebten die Soldaten an allen Fronten, welche Kräfte der Zerstörung mittlerweile bereitstanden. Dieser Krieg war die dunkle Übergangszone der zwei Jahrhunderte. Und auch sie war geprägt durch technische Innovationen.

Die technifizierte Katastrophe
Der Erste Weltkrieg, ein Feldzug der Erfindungen

Vor neunzig Jahren haben hier die Bomben und Granaten des Krieges die Landschaft zerpflügt und in eine kahle Wüstenei aus Morast und toten Leibern verwandelt. Heute ist das Schlachtfeld bei Verdun eine Gedenkstätte. Vom Graswuchs überzogen sind die Bombentrichter, eine Totenlandschaft noch immer. Verdun ist geradezu ein anderer Name für den Krieg von 1914 bis 1918 geworden. Im Februar 1916 eröffneten hier die deutschen Truppen aus 1200 Geschützen das Feuer auf die französischen Stellungen und beschossen neun Stunden lang die mächtigen Festungsbauwerke rund um die Stadt. Über Monate zogen sich die Kämpfe hin, einige Hunderttausend Soldaten ließen dabei ihr Leben oder kehrten verkrüppelt vom Schlachtfeld zurück. Niemand kennt die genaue Zahl der Opfer, nach dem Krieg barg man die Leichenteile von 150 000 Soldaten. Die «Knochenmühle» nannte man das Schlachtfeld an der Maas.

«Ausflug nach Paris», «Auf Wiedersehn auf dem Boulevard» – Aufschriften auf einem Güterwaggon im August 1914. In vielen Schulbüchern ist das Foto zu sehen, es zeigt deutsche Reservisten auf dem Weg zur Westfront. Einer war besonders frohgemut: «Auf in den Kampf, mir juckt die Säbelspitze.» Doch der Säbel war nicht mehr die Waffe dieses Krieges. Der Erste Weltkrieg sollte ein Krieg der neuen Waffen werden, ein Krieg der Technik und der Fabriken, eine Kette von Materialschlachten zu Lande, zur See und schließlich – schon ein Ausblick auf den Zweiten Weltkrieg – auch in der Luft. So führte er die technischen Entwicklungen, die das 19. Jahrhundert in unablässigem Lauf hervorgebracht hatte, aus dem Arsenal der europäischen Großmächte auf

Schlachtfelder in Belgien und Frankreich, auf dem Balkan und in Galizien, in den Dolomiten und an den Dardanellen. Das «Stahlbad», das man in den Jahren vor 1914 allenthalben leichtfertig heraufbeschworen hatte, eröffnete als «Urkatastrophe» das 20. Jahrhundert.

Die Front in Flandern 1917. Schwere Geschütze haben die Landschaft in ein Trichterfeld verwandelt. Nach Regenfällen blieben nur Morast und zerschossene Baumstümpfe. Abbildungen aus einem Sammelalbum des Cigaretten-Bilderdienstes Dresden, Mitte der zwanziger Jahre.

Schon die Mobilmachung stand insbesondere im Deutschen Reich im Zeichen der Technik. Die verkehrstechnische Errungenschaft schlechthin, die Eisenbahn, sollte den militärischen Aufmarsch in einem bisher unbekannten Tempo ermöglichen. Wilhelm Groener, der Chef der Eisenbahnabteilung im Großen Generalstab, sprach vom «Eisenbahnkrieg», «Krieg nach Fahrplan» nannte es später ein britischer Historiker.

Die Eisenbahnen wurden dem Kommando des Heeres unterstellt, und beim «Chef des Feldeisenbahnwesens» erarbeiteten 63 Offiziere und 13 Beamte die Logistik des Aufmarsches. Rund 11000 Züge brachten mehr als drei Millionen Soldaten und fast eine Million Pferde Richtung Westen. Doch an der Grenze zu Belgien und Frankreich war Endstation für die Dampfrösser, von der Schiene ging es auf die Straße. Selbst marschfeste Regimenter legten kaum mehr als 25 Kilometer am Tag zurück. Motorisierte Verbände, die mit zuverlässigen Lastwagen und starken Zugmaschinen das Tempo der Schiene auf den Straßen hätten fortsetzen können, gab es nicht. Für die österreichische Armee hatte Ferdinand Porsche solche Fahrzeuge konstruiert, Zugmaschinen für die schweren Mörsergeschütze von Škoda etwa, oder benzin-elektrisch angetriebene «Landwehrzüge», Truppentransporter, die auf der Straße, im Gelände und nach Montage von Radkränzen sogar auf der Schiene fuhren. Doch das waren Anfänge. Sosehr der Erste Weltkrieg ein schockierend technifizierter Krieg war, viele der technischen Entwicklungen standen erst am Beginn, und die Kanonen wurden von Pferdegespannen in Stellung gebracht.

Durch einen schnellen Angriff im Westen sollte der befürchtete Zweifrontenkrieg gegen Frankreich und Russland verhindert werden. Frankreich sollte innerhalb weniger Wochen bezwungen sein, dann sollten die Truppen – der zweite große Aufmarsch per Bahn – nach Osten transportiert werden und die russischen Kräfte zurückschlagen. Tatsächlich stand die deutsche Armee bereits nach drei Wochen wenige Kilometer vor Paris. Doch dann eröffnete die französische Armee ihre Gegenoffensive. In der viertägigen Schlacht an der Marne gelang es ihr, unterstützt durch britische Truppen, den rechten deutschen Angriffsflügel zu spalten und zurückzudrängen. Das war ein dramatischer Wendepunkt, und die Generäle wussten es: Das «Wunder an der Marne» beendete den deutschen Vormarsch. Generalstabschef Helmuth von Moltke erlitt einen Nervenzusammenbruch, an seine Stelle trat Erich von Falkenhayn. Einen schnellen Sieg würde es nicht geben. Der Krieg der Mobilität erstarrte seit dem November 1914 zum Stellungskrieg. Von der Schweizer Grenze bei Basel bis zur

Ein von belgischen Truppen zur Entgleisung gebrachter Güterzug für den Transport des deutschen Nachschubs.

belgischen Kanalküste, auf einer Länge von 800 Kilometern, lagen die Stacheldrähte und Verhaue, gruben die Truppen sich mit dem Spaten ihre Schützengräben.

Mit Lederkappen waren die Soldaten in diesen Krieg gezogen. Und schon bald berichteten die Chirurgen an der Front von einem dramatischen Anstieg der Kopfverletzungen durch Granatsplitter und Artilleriegeschosse. So kam es in Frankreich und Deutschland zu einer der wenigen technischen Entwicklungen, die den einzelnen Soldaten schützen sollten, der des Stahlhelms. In möglichst wenigen Arbeitsschritten musste er produziert werden können. Und er hatte der Durchschlagskraft der neuen Geschosse zu widerstehen. Die ersten Helme wogen sechs Kilo. Anfang 1916 erhielten auch die deutschen Soldaten an der Front Stahlhelme. Sie wogen ein Kilo und konnten für den Grabenkrieg mit einer Stirnplatte verstärkt werden.

Aber in den Gräben blieben die Soldaten ja nicht. Immer wieder wurde der Gegner attackiert. Der schoss aus der Deckung, und die stürmenden Truppen kehrten unter entsetzlichen Verlusten in ihre Stellungen zurück. Für geringste Geländegewinne starben ganze Regimenter. Langemarck, ein kleiner Ort in Flandern, wurde zum Symbol für diese Kämpfe. Deutsche Gymnasiasten und Studenten – begeisterte Kriegsfreiwillige, die nach zwei Monaten Ausbildung in den Krieg geschickt wurden – liefen hier im Oktober 1914 gegen britische Truppen an und fielen zu Tausenden. Aus ihrem Todeslauf machte man ein Heldenlied und feierte Siege, die es nicht gegeben hatte. Generalstabschef von Falkenhayn aber hatte sich von den weitgesteckten Kriegszielen schon verabschiedet und hielt sein Heer im November 1914 für ein «zertrümmertes Werkzeug», ein «zerbrochenes Instrument». Jetzt galt es nur noch, die deutliche Niederlage abzuwenden, durch Erfolge auf den östlichen Kriegsschauplätzen oder durch das «Ausbluten» der Franzosen in der Schlacht bei Verdun.

Das militärische Patt an der Westfront aber machte erfinderisch. Zwei ganz unterschiedliche Entwicklungen, eine aus dem Labor, die andere aus der Werkstatt, sollten es den Truppen der Infanterie ermöglichen, den Feind aus seinen Gräben zu vertreiben und den Vormarsch anzutreten. Im Ersten Weltkrieg wurden die «Gaskampfstoffe» erfunden und die Panzerwagen. Erstmals in großem Maßstab eingesetzt wurde die Gaswaffe im April 1915 von deutscher Seite. Wenige Monate später folgten die Briten, die Franzosen, dann die Russen.

Zu den maßgeblichen Entwicklern der Gaswaffe gehörte der Chemiker Fritz Haber. Haber war ein berühmter Mann. 1908 hatte er ein Verfahren patentieren lassen, mit dem sich aus dem Stickstoff der Luft Ammoniak synthetisieren ließ. Ammoniak war ein wertvoller Bestandteil künstlicher Düngemittel. Bis dahin war man zur Anreicherung des Bodens mit Stickstoff auf Natur-Salpeter, vornehmlich aus Chile, angewiesen. Fritz Haber hatte «das Brot aus der Luft geholt», so lautete die Formel der dankbaren Zeitgenossen. Zusammen mit dem Chemiker Carl Bosch von der BASF entwickelte Haber das Haber-Bosch-Verfahren. Schon 1913 lief in einem Werk der BASF die Produktion von Ammoniak an. In der Geschichte des Konzerns war das ein weiterer großer Erfolg, nachdem man erst zwei Jahre zuvor die Produktion von Indigo, des Königs der Farbstoffe, aufgenommen hatte. Die industrielle Ammoniaksynthese war ein bedeutender Schritt: Sie verhieß eine Unabhängigkeit von den Salpeterlieferungen aus Südamerika.

Salpeter aber ist nicht nur die Basis für Düngemittel, sondern auch für Sprengstoff. Ohne Salpeter keine Munition für den Krieg. Das Haber-Bosch-Verfahren wurde als kriegswichtig erkannt. «Ich habe den Bau großer Salpeterfabriken in die Wege geleitet», schrieb im Oktober 1914 Walther Rathenau, der Chef der AEG und Initiator der Kriegsrohstoffabteilung (KRA), einer Einrichtung, die, so Rathenau, den «Feldzug der Materie» organisieren sollte. Schnell stieß auch Fritz Haber zur KRA und wurde im November 1914 Leiter der «Zentralstelle für Fragen der Chemie beim Allgemeinen Kriegsdepartement». Hier befasste er sich nun vorwiegend mit der Entwicklung von Gaskampfstoffen. Habers Erfinderwelt stand unter seinem rigorosen Motto: «Im Frieden für die Menschheit, im Krieg für das Vaterland.»

Wenige Monate später reiste Haber mit seinen Mitarbeitern an die Front bei Ypern, um seine neue Erfindung zu erproben. Am 22. April, abends um 18 Uhr, stand der Wind günstig. Haber drehte den Hahn auf: 150 Tonnen Chlor strömten aus seinen Flaschen und Rohren und trieben auf einem sechs Kilometer breiten Frontstreifen den feindlichen Gräben entgegen. Schätzungen zufolge starben an diesem Abend 5000 Soldaten im Chlornebel, 15 000 erlitten schwere Verätzungen oder erblindeten. Am 1. Mai wurde der Sündenfall der Chemie in Berlin gefeiert, Fritz Haber zum Hauptmann befördert. Seine Frau Clara Immerwahr, ebenfalls Chemikerin, hatte immer wieder verzweifelt versucht, ihren Mann von der Chemie für den Krieg abzubringen. Ein letztes Mal an diesem Abend. Vergeblich. Mit der Dienstpistole ihres Mannes beging sie am nächsten Morgen Selbstmord. Fritz

Deutsche Soldaten mit Gasmasken im Automobil. Während des Ersten Weltkrieges starben insgesamt rund 100 000 Soldaten durch Giftgas, vermutlich wurden mehr als eine Million verwundet, viele von ihnen starben qualvoll in den Jahren nach dem Krieg.

Haber reiste noch am selben Tag zu neuen Einsätzen an die Ostfront.

Fritz Habers Biographie ist ein tragisches Beispiel für den Zwiespalt technischer Wissenschaft. Der Sohn jüdischer Eltern konvertierte 1893 zum Protestantismus und verstand sich zeitlebens durch und durch als deutscher Patriot. 1918 erhielt er den Nobelpreis für Chemie, Max Planck den für Physik. Im März 1919 wurde Haber der erste Leiter der Deutschen Gesellschaft für Schädlingsbekämpfung (Degesch). Hier entwickelten seine ehemaligen Mitarbeiter das Zyklon B, ein Blausäuregas, jenes Gas, das später in den Mordkammern der Konzentrationslager eingesetzt werden sollte. Haber leitete über zwanzig Jahre das Kaiser-Wilhelm-Institut für Physikalische Chemie in Berlin-Dahlem, aus dem das heute nach ihm benannte Institut der Max-Planck-Gesellschaft hervorging. Im April 1933 aber verwehrte ihm der Hausmeister den Zutritt zum Gebäude. Der sogenannte Arierparagraph verbot dem berühmten Chemiker, dem konvertierten Juden, seine akademische Tätigkeit. In Haber brach eine Welt zusammen. Max Planck verwandte sich bei Hitler persönlich für ihn. Ohne Erfolg. Gesundheitlich schwer angeschlagen, emigrierte Haber in die Schweiz. Dort erhielt er einen Brief. Albert Einstein, ebenfalls 1933 emigriert, schrieb dem befreundeten Kollegen aus alten Tagen und erteilte ihm einen bitteren Seitenhieb: «Ich freue mich sehr, dass Ihre frühere Liebe zur blonden Bestie abgekühlt ist.» Im Januar 1934 starb Fritz Haber.

Auf den Schlachtfeldern des Ersten Weltkrieges trugen die Soldaten nun zum Stahlhelm die Gasmaske. Die bot allerdings nur noch wenig Schutz, als mit Blaukreuz ein «Maskenbrechergas» eingesetzt wurde und Senfgas zusätzlich durch das Schuhwerk drang. Eine halbe bis eine Million Giftgasverletzte brachte der Krieg, obwohl erst in seinem letzten Jahr eine wirkliche Massenproduktion der tödlichen Gase begann.

Ebenfalls der Überwindung der stacheldrahtbewehrten Stellungen sollte die Entwicklung der Panzerfahrzeuge dienen. In Großbritannien wurden sie ab 1915 unter der Tarnbezeichnung «Tank» gebaut. Viel Skepsis schlug dem Offizier Ernest Swinton entgegen, als er dem Generalstab die Idee vortrug. Doch Winston Churchill, der Marineminister, traute den fahrenden Festungen etwas zu. Kurzerhand erklärte er die Tanks zu «Landschiffen» und holte sie ins Ressort der Marine. Die Ingenieure William Tritton und Walter Wilson testeten verschiedene Laufwerke mit Riesenrädern und Ketten. Im Januar 1916 präsentierten sie «Big Willie». Willie überwand einen drei Meter breiten Graben und kletterte über ein senkrechtes, 1,5 Meter hohes Hindernis. Als «Mark I» ging er in die Serienproduktion.

Den ersten Einsatz hatten die Tanks im September 1916 in der Somme-Schlacht. Mit 36 Kettenwagen rückte die Infanterie gegen die deutschen Stellungen bei Flers vor. Kaum mehr als drei Stundenkilometer erreichten sie. In ihrem Innenraum saßen acht Soldaten, umhüllt von Pulverdampf und Lärm. Der Kommandant musste seine Befehle mit lauten Hammerschlägen erteilen. Zunächst verloren die deutschen Truppen Terrain, bald aber war der Überraschungseffekt dahin; die Tanks blieben im tiefen Schlamm stecken, ihre Motoren versagten, dann begann der Beschuss durch die deutsche Artillerie. Bei Cambrai, im Oktober 1917, war der Boden fester. Mehr als 300 britische Tanks, unterstützt von der Artillerie, rückten auf einem neun Kilometer breiten Frontabschnitt vor und eroberten in vier Stunden ein sechs Kilometer tiefes Gelände. Große Erfolge waren das noch nicht, und die deutsche Armee reagierte immer wieder mit gut organisierten Gegenangriffen. Doch auch auf deutscher Seite hatte man das Potenzial der neuen Waffe erkannt. Bei Daimler-Benz baute man einen gepanzerten Mannschaftstransportwagen. Der Trumm war zu schwer und zu langsam.

Bei Amiens, im August 1918, war es dann erneut ein Vorstoß mit 530 britischen und 70 französischen Tanks, der den deutschen Einheiten eine schmerzhafte Niederlage bereitete, einen «schwarzen Tag des deutschen Heeres», wie der General Ludendorff zugeben musste. So darf man die Wirkung der Panzer schon im Ersten Weltkrieg nicht unterschätzen. Der Militärhistoriker John Keegan urteilt gar: «Dass die Deutschen keine entsprechende Panzerwaffe entwickelten, muss als eine ihrer schlimmsten militärischen Fehlentscheidungen beurteilt werden.» Und in seinem Roman «Im Westen nichts Neues» (1929) schrieb Erich Maria Remarque: «Die Tanks sind vom Gespött zu einer schweren Waffe geworden.» Für Remarque verkörperten sie geradezu das Grauen des Krieges. «Die Geschütze, die uns das Trommelfeuer herüberschicken, sehen wir nicht, die angreifenden Linien der Gegner sind Menschen wie wir – aber diese Tanks sind Maschinen, ihre Kettenbänder laufen endlos wie der Krieg, sie sind die Vernichtung, wenn sie fühllos in Trichter hineinrollen und wieder hochklettern, unaufhaltsam, eine Flotte brüllender, rauchspeiender Panzer, unverwundbare, Tote und Verwundete zerquetschende Stahltiere – wir schrumpfen zusammen vor ihnen in unserer dünnen Haut, vor ihrer kolossalen Wucht werden unsere Arme zu Strohhalmen und unsere Handgranaten zu Streichhölzern.»

Verblüffendes Ungetüm im Krieg der Maschinen: ein britischer Panzer Mark I, der ab 1916 produziert wurde.

Der Erste Weltkrieg brachte den Krieg auch in die Luft. Nur zehn Jahre nach dem Flug der Gebrüder Wright waren die Flugzeuge noch immer luftige Gestelle, mit Segeltuch bespannt, fliegende Kisten eben. Aber in unzähligen kleinen Werkstätten waren sie weiterentwickelt worden. Und da die finanzielle Lage der Flugzeugpioniere heikel war, versuchten viele von ihnen, Armeeaufträge zu ergattern. In den militärischen Stäben waren zwar die Planer in der Minderheit, die sich vorstellen konnten, dass hier eine ernstzunehmende Waffe entstand. Zwar wurde schnell klar, dass Flugzeuge bei der Aufklärung wichtige Dienste übernehmen und die Zielfindung der mächtigen Ferngeschütze unterstützen konnten, aber kaum jemand ahnte, wie rasant sich die Entwicklung beschleunigen sollte.

Mühsam schraubten sich frühe Maschinen wie die Rumpler Taube auf ihre maximale Flughöhe von 1000 Metern. Knapp 100 PS leisteten ihre Motoren, das reichte für Geschwindigkeiten bis zu einhundert Stundenkilometern. Wirkungsvoll bewaffnet waren diese Flugzeuge noch nicht. Ein fest vor dem Piloten installiertes Maschinengewehr zerschoss nicht selten den eigenen Propeller, statt den Feind zu treffen. In Frankreich kam man auf die Idee, den Propeller durch ein Stahlblech zu schützen. Aber erst der 25-jährige niederländische Konstrukteur Anthony Fokker fand mit seinen Ingenieuren Lübbe und Heber die Lösung. In den Hallen der «AHG Fokker Aeroplanbau» in Schwerin wurde ein Getriebe entwickelt, das die Feuerfolge des MG mit dem Flugmotor synchronisierte. Mit der Fokker E I und ihren Nachfolgetypen ausgerüstet, erlangten die deutschen Flieger eine zeitweilige Luftüberlegenheit und verbreiteten den «Fokkerschrecken», bis im Sommer 1916 wiederum Engländer und Franzosen neue, überlegene Maschinen bauten.

Über all dem Elend der Grabenkämpfe und den erstarrten Fronten des Stellungskrieges vollführten nun die Piloten

Montagehalle der Berliner Albatros-Flugzeugwerke im Frühjahr 1918, Einbau der Motoren. Albatros war das größte deutsche Werk, allein 1918 wurden hier rund 5000 Maschinen gebaut. Während des Ersten Weltkrieges produzierten die deutschen Hersteller knapp 48 000 Flugzeuge, in Frankreich, England und den USA waren es insgesamt etwa 130 000.

ihre Duelle in der Luft. Moderne Ritter in ihren Maschinen, so sahen sie sich, so wollte man sie sehen. Sie waren Stars. Man kannte ihre Namen – Richthofen, Boelcke, Immelmann und Udet –, man kannte die Zahl ihrer Abschüsse, und man las ihre Memoiren: «Stürme und Luftsiege», «Kreuz wider Kokarde», «Der rote Kampfflieger».

Gegen Ende des Krieges schließlich standen auch schon die ersten Großflugzeuge bereit, mit Spannweiten von bis zu 40 Metern. Sie konnten Bombenlasten von um die 4000 Kilo aufnehmen. Damit wollte man die Angst in die Städte tragen, um so die Kampfmoral des Feindes zu brechen. Doch der Krieg war beendet, ehe die ersten Bombergeschwader aufgestellt waren und systematische Zerstörung bringen konnten.

Mehr als der Krieg von oben wurde der Krieg von unten zum entscheidenden Moment: Seit der Jahrhundertwende hatten alle größeren Seemächte mit dem Aufbau einer Flotte von Unterseebooten begonnen. Die militärischen Planer in Spanien, Frankreich, den USA und seit 1904 auch in Deutschland hatten die technische Entwicklung dieser Waffe gefordert und gefördert. Deutschland entschied sich im Februar 1917 für ihren verstärkten Einsatz und provozierte dadurch schließlich den Kriegseintritt der USA. Die U-Boote sollten die britische Seeblockade durchbrechen und Handelsschiffe, die Kriegsgüter transportierten, versenken.

Um feindliche Schiffe wirkungsvoll anzugreifen, mussten U-Boote allerdings das internationale Seekriegsrecht verletzen und ihre Torpedos abschießen, ohne aufzutauchen und das gegnerische Schiff zu untersuchen. 1915 war auf diese Weise das britische Passagierschiff *Lusitania* versenkt worden. 1200 Menschen, darunter 100 Bürger der Vereinigten Staaten, ertranken im Meer. Angesichts internationaler Proteste und der Drohung der USA stellte Deutschland diese Art der Kriegsführung vorübergehend ein. Aber auf Drängen der deutschen Oberbefehlshaber, Generalfeldmarschall Paul von Hindenburg und General Erich Ludendorff, und gegen den Willen von Reichskanzler Bethmann Hollweg wurde der U-Boot-Krieg schließlich wiederaufgenommen.

U-Boote waren schwer zu bekämpfen. Um Wasserbomben gegen sie einzusetzen, musste man sie erst einmal orten. Ohne Radargeräte war das schwierig. Die damaligen Unterwasser-Horchgeräte hatten nur eine Reichweite von wenigen hundert Metern. So konnten die deutschen U-Boote viele Schiffe der Alliierten versenken, besonders in den ersten Monaten ihres unbedingten Einsatzes. Doch eine Wende brachte die «Wunderwaffe» der Marine nicht. Mit systematischen Minensperren, zum Beispiel zwischen Schottland und Norwegen, mit Flugzeug-Patrouillen über dem Ärmelkanal und vor allem durch die Einführung der Geleitzüge konnten die Erfolge der U-Boote begrenzt werden. Kriegsentscheidend wurden sie so nur gegen Deutschland selbst, indem sie die technische Großmacht des 20. Jahrhunderts, die Vereinigten Staaten, im April 1917 auf den europäischen Kriegsschauplatz holten.

Einzelne Erfolge täuschten noch eine Zeitlang über die wahre Lage der deutschen Truppen hinweg. Dann wurde klar, dass man auf eine militärische Niederlage zusteuerte. Ein Zangenangriff auf Reims im Juli 1918 musste nach zwei Tagen abgebrochen werden. Das Heft des Handelns lag jetzt beim alliierten Oberbefehlshaber, General Foch. Die Oberste Heeresleitung vertuschte all das. So entstand die sogenannte Dolchstoßlegende, nach der die Truppen «im Felde unbesiegt», aber von den Politikern an der «Heimatfront» im Stich gelassen worden seien. Für die neue Republik war dieses Trugbild von Beginn an eine unheilvolle Hypothek.

Der Erste Weltkrieg war ein technisches Großereignis. Die Werkstätten, Labore und Fabriken der Nationen brachten ihren Erfinderreichtum aus friedlichen Zeiten auf die Schlachtfelder. Was immer man betrachtet aus diesen vier Kriegsjahren, es sollte ausgereifter, größer und verheerender in den Jahren von 1939 bis 1945 wiederkehren.

Landnahme im Mittelmeer

Der Architekt Herman Sörgel und sein Traum vom neuen Kontinent

Es waren verwirrende, orientierungslose Jahre nach der Katastrophe des Ersten Weltkrieges. Es war eine Zeit der politischen Kämpfe zwischen Rechts und Links, eine Zeit, in der Verzweiflung, Hysterie und Zynismus um sich griffen. Erbitterte Debatten wurden geführt, um die Kriegsschuldfrage, um die neu entstandene Republik, um das neue Russland und den Sieg der Bolschewisten in der Oktoberrevolution von 1917. All das spiegelte sich auch in den intensiven Diskussionen um die Technik und ihren künftigen Stellenwert. Wie eine neue Naturgewalt hatte sie das Antlitz des Krieges geprägt. Welchen Platz sollte sie in einer künftigen friedlichen Welt haben? Einerseits erschien eine Vielzahl von Schriften, die eng an der Realität blieben und zum Beispiel fragten, wie man die modernen Fertigungsmethoden eines Henry Ford, den Fordismus, auch in Deutschland und Europa einführen könne. Andererseits gab es den geradezu unbekümmerten Zugriff auf utopische Projekte, eine Art Flucht nach vorn, die Verkündigung einer neuen Machbarkeit, einen Heroismus mit Maschinen.

Angesichts der scheinbaren Übermacht der technischen Realität verblasste die Überzeugungskraft einer Technikkritik, wie sie noch im 19. Jahrhundert geübt wurde, als im Namen der Natur die technische Welt abgelehnt und verurteilt wurde. Tonangebend wurden in den Jahren nach dem Ersten Weltkrieg politische und volkswirtschaftliche Entwürfe, die die Technik systematisch zur Herbeiführung einer verheißungsvollen Zukunft einsetzen und so eine neue Welt schaffen wollten. «Planetarische Technik» lautete eines der Schlagworte, die man sowohl bei konservativen als auch bei sozialistischen Intellektuellen und Theoretikern finden konnte. Wahrlich kein harmloses Schlagwort.

Aber musste man überhaupt auf dem Planeten bleiben? 1923 erschien ein kleines Buch, knapp 100 Seiten lang, dessen Titel die Verwirklichung einer Utopie versprach: «Die Rakete zu den Planetenräumen». Sein Verfasser hieß Hermann Oberth, war 29 Jahre alt, sein Buch basierte auf seiner Doktorarbeit und gilt neben den Arbeiten des Russen Konstantin Ziolkowski als eine Gründungsfibel der modernen Raketenforschung und Raumfahrt. Beider Gedanken und Arbeiten verdankten sich nicht zuletzt einer Kindheitslektüre: Sie hatten die Zukunftsromane von Jules Verne gelesen, und besonders «Die Reise von der Erde zum Mond» hatte es ihnen angetan. Wie bald ihre Raketenidee zur Wirklichkeit werden sollte, das ahnte Anfang der zwanziger Jahre niemand. Oberths Büchlein musste im Jahr seiner Veröffentlichung – in Deutschland grassierte die Inflation – viel eher wie eine Anleitung zur Wirklichkeitsflucht erscheinen.

Vergegenwärtigt man sich die Grundstimmung dieser Jahre, ihre Mischung aus Schock und neuem Überschwang, so erscheint ein anderes Projekt «planetarischer Technik» keineswegs mehr so abgelegen und irreal, wie es uns heute anmutet. Geboren ist es ebenfalls aus der tiefen Verunsicherung nach 1918, entworfen und geplant wurde es seit 1926 von einem Architekten aus München. Herman Sörgel wollte das Antlitz der Erde verändern. Seine Idee machte aus zwei Kontinenten einen neuen: Europa und Afrika sollten durch eine Absenkung des Mittelmeers zusammenwachsen, der Großkontinent «Atlantropa» sollte geboren werden. Projektierte Laufzeit der Baumaßnahme: mehr als einhundert Jahre. Versprochener Ertrag: neues Land, neue Arbeitsplätze, neue Energie. Eine spätere Schrift, in der er sein Vorhaben beschrieb, trug den ebenso trockenen wie brachialen Titel

«Die Neugestaltung der Erdoberfläche durch den Ingenieur».

Von Beginn an war das für ihn kein lediglich technisches Projekt. Sörgel warb für «das größte soziale Unternehmen der Gegenwart», und der frühe Projektname «Panropa» signalisierte, hier werde die Idee eines einigen und friedlichen Europa verwirklicht. Dabei war Sörgel in seinen Weltideen, so paradox es scheinen mag, vor allem von einem unduldsamen Pessimisten beeinflusst. Der Kulturphilosoph Oswald Spengler hatte 1918 und 1922 die zwei Bände seines aufsehenerregenden Hauptwerkes «Der Untergang des Abendlandes» veröffentlicht und war auf einen Schlag in aller Munde. Bis heute ist der zugkräftige Titel eine rhetorische, meist spöttische Wendung. Spengler hatte die Zeitstimmung nach dem Ende des Weltkrieges getroffen und wurde zum vielzitierten Stichwortgeber aller Gegner der kommenden Weimarer Republik.

In seinem voluminösen Untergangswerk begründete er eine bei näherer Betrachtung sehr schematische Lehre vom sich stets wiederholenden Kreislauf der Kulturen. Alle Hochkulturen der Geschichte durchlaufen, so seine These, Phasen der Kindheit, Jugend, Blüte, Reife und des Verfalls bis zum endgültigen Untergang. Dabei ordnet Spengler nur den jeweils frühen Phasen großer Epochen den Begriff der «Kultur» im eigentlichen Sinne zu. Die späteren Phasen bis hin zum Niedergang schildert er unter dem Leitbegriff «Zivilisation». Mit innerer Gesetzmäßigkeit münden die frischen und kraftvollen Kulturen in den bedenklichen Aggregatzustand der Zivilisation. Und die Zivilisation ist für Spengler immer eine Phase des sich ankündigenden Verfalls, auch wenn in solchen Stadien die menschlichen Gesellschaften auf vielen Spezialgebieten noch einmal große Leistungen vollbringen, zu denen Kulturen gar nicht fähig sind. Tatsachensinn, Wissenschaft, Intelligenz und empirische Forschung sind für

Spengler ausgeprägte Merkmale des Zivilisatorischen. In einer Kultur stehen an ihrer Stelle noch ganz andere Werte: Ehrfurcht vor der Tradition, Religion, Klugheit und metaphysische Spekulation. Unschwer zu erraten ist, dass Spengler die Epoche, in der lebte, als zivilisatorische Spätzeit und Krise schilderte. Und da habe der Mensch denn Haltung zu bewahren und seine Tatkraft nicht auf längst vergangene Kulturleistungen zu verschwenden. So stößt man auch beim Pessimisten auf ein Loblied der Technik: «Für die klaren, hochintellektuellen Formen eines Schnelldampfers, eines Stahlwerkes, einer Präzisionsmaschine, die Subtilität und Eleganz gewisser chemischer und optischer Verfahren gebe ich den ganzen Stilplunder des heutigen Kunstgewerbes samt Malerei und Architektur hin.»

Herman Sörgel kannte den ebenfalls in Schwabing ansässigen Spengler seit 1923 persönlich. Immer hatte ihn Spenglers düstere Vision fasziniert, umso mehr, als er ja mit seinem Projekt eine technische Großtat in petto hatte, die der drohenden Apokalypse, dem Untergang des Abendlandes, Einhalt gebieten konnte. Eigenwillig und geradezu unbekümmert verstand er Spengler gegen dessen Intention und machte dessen Werk zum dunklen Hintergrund, vor dem die Vision von Panropa umso heller leuchtete.

Man sollte meinen, ein derartiges Vorhaben wäre als wirrer Wachtraum eines prahlerischen Technikers verspottet und abgetan worden. Doch Herman Sörgel war ein attraktiver, stets elegant gekleideter Herr, dem sein Monokel einen zusätzlichen Schuss Seriosität verlieh. Und er war auch kein Wirrkopf. Als Herausgeber der Architekturzeitschrift «Baukunst» hatte er sich in der Szene Anerkennung erworben. Ende 1927 hatte er begonnen, sein Großprojekt zu verfolgen. Bis zu seinem Tod 1952 hat er für seine Idee gefochten. Eine Reihe namhafter Architekten konnte er dafür gewinnen, ebenso einige Spezialisten für Wasserbau und Kraftwerktechnik. «So landete Herman Sörgel trotz der phantastischen Züge seines Projekts nicht im Getto der verrückten Erfinder», stellt der Frankfurter Architekturhistoriker Wolfgang Voigt fest, einer der besten Kenner Sörgels, der in intensiver Arbeit die Spuren dieses seltsamen Großprojekts zusammengetragen hat.

Natürlich gab es laute Stimmen der Kritik, doch Sörgel hatte mit seiner technischen Utopie eben auch den Nerv seiner Zeit getroffen. Mitten in der wirtschaftlichen Misere der späten Weimarer Republik bot hier einer eine technische Vision an, die scheinbar alle Niederungen, Misslichkeiten und Parteien hinter sich ließ und zur verlockenden Zukunftsmusik auch die Noten, sprich Zahlen, Fakten und Planzeichnungen, lieferte. Man schwelgte in Untergangsängsten und war umso empfänglicher für Befreiungsschläge und Patentlösungen in großem Maßstab. Ob begeistert oder skeptisch, die Presse berichtete. Die «New York Times» hatte den Anfang gemacht und der «Teutonic Fantasy» einen ausführlichen Artikel gewidmet. Sörgel sprach im Radio. Aber wie wollte der Weltenbauer den Wasserspiegel des Mittelmeeres absenken?

Zwei Bücher hatten Sörgel die Idee in den Kopf gesetzt. 1926 war die deutsche Übersetzung eines Buches von H. G. Wells erschienen. In «Outline of History» berichtete der Schriftsteller, dass in der Eiszeit vor 50 000 Jahren Mittelmeer und Rotes Meer riesige Täler gewesen seien, allenfalls kleinere Seen habe es dort gegeben. Bei Gibraltar habe ein Gebirge die Wassermassen des Atlantiks zurückgehalten, ehe der Druck des eiszeitlichen Schmelzwassers zum Durchbruch der Steinmassen geführt habe und das heutige Mittelmeer entstanden sei. Im Jahr darauf, 1927, erschien das Buch «Die Straße von Gibraltar» von Otto Jessen. Der Ozeanograph bestätigte das Prinzip Badewanne und präsentierte zahlreiche Daten. 88 000 Kubikmeter Wasser flössen in jeder Sekunde vom Atlantik ins Mittelmeer. Ohne diese opulente Wasserspende würde es schnell schwächeln und wäre der allmählichen Verdunstung ausgesetzt. Und zusammenfassend machte Jessen die Andeutung: «Schon eine vorübergehende Schließung der Straße von Gibraltar müsste genügen, die Natur des gesamten Mittelmeergebietes zu verändern.» Sörgel war wie elektrisiert und deckte sich mit ozeanographischer Fachliteratur ein. Hier, in der Meerenge von Gibraltar, wo die Heroengeschichten der Antike die «Säulen des Herakles» verzeichneten und die Briten ein ausgedehntes Festungssystem mit unterirdischen Tunneln angelegt hatten, war der Knackpunkt seiner Vision. Hier sollte ein riesiger Damm die Funktion übernehmen, die einst im Tertiär ein Gebirge erfüllt hatte. Ein Bauwerk, dem heute die Vorsilbe Mega oder Giga verliehen würde, 14 Kilometer breit, die Meerenge hat eine Tiefe von bis zu 300 Metern. Bautechnisch sei das machbar, versicherten ihm Fachleute. Einen zweiten, kleineren Damm, der den Zufluss aus dem Schwarzen Meer unterbinden sollte, zeichnete Sörgel an den Dardanellen ein. Dann sollte die natürliche Verdunstung ihr Werk tun. In jedem Jahr würde der Wasserspiegel um 165 Zentimeter sinken. Herman Sörgel, ein moderner Herkules mit Monokel und Zeichenstift, wollte das Mittelmeer eindampfen. Sein Plan machte aus der jahrtausendealten Kulturlandschaft der mediterranen Welt die gigantische Petrischale eines Kontinentalarchitekten.

Seltsam mutet heute ein derartiger Glaube an die technische Utopie an, ein solch gigantischer Entwurf, der aus dem unerschütterlichen Glauben an den technischen Fortschritt aus jeder Skizze eine Heilsbotschaft machte. Doch die Zeit hatte begonnen, in der zahlreiche Großprojekte aus der Taufe gehoben und schließlich verwirklicht wurden. Ob das Tennessee-Valley-Projekt in den Vereinigten Staaten, ob die geradezu monströsen Industrie- und Stadtbauprojekte in der Sowjetunion, ob Kriegsbauten wie die Maginot-Linie, der West- und Atlantikwall oder später der Bau des Assuan-Staudamms bis hin zu den heutigen chinesischen Planungen für den Drei-Schluchten-Staudamm – solche Großprojekte gehören zur Technikgeschichte des 20. Jahrhunderts.

Herman Sörgel wurde 1885 in Regensburg geboren. Sein Vater Hans Sörgel war ein Bauamtmann, dessen erfolgreiche Laufbahn ihn bis zum Ministerialdirektor und Chef der obersten Baubehörde des Königreichs Bayern führen sollte. Die Erhebung in den persönlichen Adelsstand war die königliche Anerkennung für seine Dienste. Hans Ritter von Sörgel war Experte für Wasserbau und kurz nach 1900 neben dem Ingenieur Oskar von Miller maßgeblich an dem Entwurf eines frühen Großprojekts beteiligt. Sie wollten den Höhenunterschied von etwa 200 Metern zwischen Walchensee und Kochelsee nutzen, um elektrische Energie zu gewinnen. Heftiger Widerstand regte sich bei den Bauern in Kochel und Urfeld. Auch die bayerische Regierung blieb skeptisch und fragte: Wohin mit all dem Strom? Erst nach dem Ersten Weltkrieg beschloss der Landtag den Bau des Walchenseekraftwerks, das nach geradezu abenteuerlichen Bauarbeiten 1924 seinen Betrieb aufnahm. Bis heute liefert es etwa 320 Millionen kWh jährlich, und am Ufer des Kochelsees sind die mächtigen Fallrohre und die eindrucksvolle Turbinenhalle zu besichtigen.

In München nahm der Sohn des Ritters 1904 das Studium der Architektur auf. Nach seinem Diplom 1908 arbeitete er eine Zeitlang im Baubüro bei der Errichtung des Deutschen Museums mit, ehe er 1911 als Lehrer an die Meisterschule für Bauhandwerker in Bamberg ging. Herman Sörgel schien in die Fußstapfen seines Vaters zu treten, dessen Kämpfe um das Walchensee-Projekt er aus nächster Nähe miterlebte.

Doch ein zünftiger Architekt wurde er nie. Nur wenige Bauten hat er hinterlassen. Fragen der Ästhetik, der Konzeption interessierten ihn mehr als die Praxis des Bauens.

1914 verließ er Bamberg samt bürgerlicher Laufbahn, kehrte nach München zurück und wurde bald zu einer bekannten Größe in der von Künstlern, Schriftstellern, Philosophen und Lebensreformern geprägten Schwabinger Szene. Sörgel arbeitete als freier Journalist und Architekturkritiker. Er verfasste eine «Architektur-Ästhetik» und erstellte einen ehrgeizigen, etwas zu großartigen Entwurf für das Kraftwerk Aufkirchen an der Mittleren Isar, das gewissermaßen zu den Erweiterungen des Walchensee-Systems zählte. 1925 wurde er Schriftleiter der «Baukunst». Mit viel Engagement prägte er das Bild der monatlichen Zeitschrift, doch bereits 1927 schied er im Streit. Jetzt machte er sich mit aller Begeisterung an seine Mittelmeerplanung.

1931 überarbeitete er seinen Plan und reduzierte die ursprünglich beabsichtigte Absenkung, auch um der Aufrechterhaltung des Schiffsverkehrs willen. Zwei getrennte Senkungsgebiete sollten entstehen, eines mit 100, eines mit 200 Meter Senkung. Zwischen Sizilien und Afrika setzte er nun einen weiteren Großdamm. Das solchermaßen zweigeteilte Mittelmeer würde ein Fünftel seiner Fläche einbüßen. Das flache Adriatische Meer, die Ägäis, alles verschwunden, überall Neuland. Sizilien wüchse auf doppelte Größe und wäre keine Insel mehr. Sardinien und Korsika vereinigt, ebenso Ibiza und Formentera oder Mallorca und Menorca. Bei Gibraltar nutzte der Welt größtes Kraftwerk den Niveauunterschied zum Atlantik. Weitere Werke sah er vor an den Dardanellen, an Nil, Rhône, Po und Ebro. Sörgels Erfinderwelt entwickelte eine verführerische Dynamik: Da war Strom für ganz Europa, auf alle Zeit. Kohle und Öl mochten ausgehen, die Lichter auf dem neuen Kontinent nicht.

Unter dem Schlagwort «Afrikakultivierung» schilderte

Sörgel den glanzvollen Aufbau neuer Wirtschaftsmacht. Durch Stromversorgung und Bewässerungsmaßnahmen sollte sogar die Sahara zur fruchtbaren Region werden. Doch gerade in den Plänen für Afrika offenbart sich, wie Wolfgang Voigt betont hat, eine Umorientierung Sörgels. War er ursprünglich mit einem völkerverbindenden Friedensprojekt angetreten, so änderte der konfessionslose Kosmopolit 1932 mit der Neubenennung in «Atlantropa» den Kurs. Denn Atlantropa dachte er sich nun als Großmacht, die sich gegen die zwei großen «A» zu behaupten hatte, gegen das «kapitalstarke Amerika» und gegen das «bevölkerungsreiche Asien». Afrika sollte nunmehr unter strikter europäischer Vorherrschaft stehen, und Sörgel machte sich jetzt auch noch bevölkerungspolitische Gedanken: «Wenn die Weißen auf die Dauer Afrika beherrschen wollen, so darf die Überzahl der Schwarzen ihnen gegenüber nicht zu groß sein.» Seine planerische Phantasie griff nun rabiat ins Innere des schwarzen Kontinents. Das gesamte Kongobecken wurde zum Stausee, weiter nördlich gab es ein Tschadmeer, und im Süden wurde der Sambesi aufgestaut. Es war kein Halten mehr, Sörgel träumte sich zum General der Erdoberfläche: «Was technisch möglich ist, soll wirtschaftlich ausgenützt werden. Die Wirtschaftseinheit Atlantropa könnte so zugleich als politische Macht die Kultur des Abendlandes vor dem Untergang bewahren.»

Inzwischen gab es bereits eine Vielzahl von detaillierten Planzeichnungen, großzügigen Entwürfen und visionären Farbskizzen. Man staunt, wie viele der namhaftesten Architekten Sörgel überzeugt oder überredet hatte, sich an der Ausführung seiner Idee zu beteiligen. Neben Fritz Höger, Hans Döllgast, Lois Welzenbacher und Emil Fahrenkamp waren mit Hans Poelzig und Peter Behrens zwei Leitfiguren der modernen Architektur dabei. Erich Mendelsohn, der jüdische Architekt, der 1924 mit dem Einsteinturm auf dem

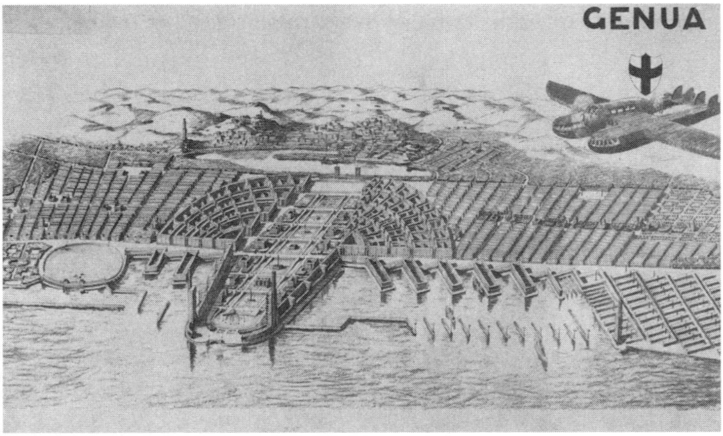

Neues Land, neue Städte: 1932 zeichneten die Münchener Architekten Georg Ferber und Wilhelm Appel monumentale Stadt- und Hafenpläne für das neue Genua nach Absenkung des Meeresspiegels um 100 Meter. Die Genueser erschraken, Sörgel suchte sie zu beruhigen und versprach der Stadt eine große Zukunft, da Triest und Venedig nicht mehr am Meer liegen würden.

Potsdamer Telegrafenberg die Ikone expressiver Baukunst geschaffen hatte, interessierte sich für die Planungen in Palästina. Wie ernsthaft all deren Arbeiten für Sörgel gemeint waren, lässt sich schwer sagen. Die schlechte Auftragslage ihrer Büros mag förderlich gewesen sein, manches als Aufgabe für die Studenten ihrer Meisterklassen gedient haben. Dennoch muss man eine grundsätzliche Aufgeschlossenheit der Baumeister für Großplanungen festhalten. Ungern waren sie gewiss nicht mit von der Partie, und sei es, um im Fall der Fälle einen Fuß in der Tür von Atlantropa zu haben. Das war unabhängig von den Aussichten des Projekts nicht zuletzt eine willkommene Möglichkeit der Eigenwerbung.

So entstanden Entwürfe für Brücken und Dämme, für Kraftwerke, neue Häfen und Stadtquartiere. Vor allem den italienischen Hafenstädten Genua, Neapel und Messina widmete man sich mit besonderem Eifer. Denn dort war das Entsetzen über den «bizarren deutschen Traum», so der «Corriere della Sera», groß gewesen. Für Venedig ließ Sörgel sich etwas ganz Besonderes einfallen. Durch Dämme rundum sollte die Lagunenstadt samt Gondeln geschützt werden. Sein einziges Zugeständnis an den Denkmalschutz. Genua dagegen sollte wachsen. Vor die Altstadt setzte ein Entwurf eine große Neustadt, strahlenförmig ausgerichtet auf das neue pompöse Hafengelände. Das höchste Atlantropa-Gebäude aber zeichnete 1931 Peter Behrens: Der Panoramaturm an der Nordschleuse bei Gibraltar war als ein 400 Meter in den Himmel ragendes Ausrufezeichen gedacht. Ein Gruß der Überbietung gen New York.

Die frühen dreißiger Jahre waren ohne Zweifel die Hochzeit dieses utopischen Projekts. Mit der Machtergreifung der Nationalsozialisten aber erlitt der visionäre Elan einen beträchtlichen Dämpfer. Die neuen Machthaber zeigten wenig Interesse und hatten selbst Visionen. «Lebensraum» wollten sie kriegerisch im Osten erobern und nicht friedlich am Mittelmeer. Schon bald stieß Sörgel auf offene Ablehnung, und auch die Zeitungen waren nicht länger bereit, über ihn zu berichten. Sörgel versuchte nun, einflussreiche Parteimitglieder für sich zu gewinnen. Doch für eingefleischte Nationalsozialisten hatte «Atlantropa» einen zu internationalen Akzent. Wer wohlwollender war, vertröstete den losgelösten Weltarchitekten auf die Zeit nach dem «Sieg im Osten». 1936 zeigten viele Lichtspielhäuser einen halbstündigen Dokumentarfilm mit dem Titel «Ein Meer versinkt». Da wurde Sörgels Vorhaben vor allem aus technischer Sicht attackiert und verworfen. Auch der «Völkische Beobachter», das Zentralorgan der braunen Partei, polemisierte wiederholt gegen Sörgel. Das wehrte der jedoch schließlich mit einer geschickten Behauptung ab: Italiens Duce Benito Mussolini höchstselbst habe Interesse an seinem imperialen Mittelmeerplan bekundet. Knapp zwei Jahre nach dem deutsch-italienischen Bündnisvertrag stellte Sörgel eine Denkschrift fertig: «Die drei großen ‹A›. Großdeutschland und italienisches Imperium, die Pfeiler Atlantropas».

So ging es hin und her, aber nicht weiter. Alle Anschmiegsamkeit war vergeblich. 1939 erhielt Sörgel die Einladung, sein Projekt auf der Weltausstellung in New York zu zeigen. Welche Chance! War es doch gerade das Erlebnis dieser Stadt, das ihn auf einer Amerikareise vierzehn Jahre zuvor in Euphorie versetzt und neue Maßstäbe gelehrt hatte. Doch unmittelbar im Vorfeld des kommenden Krieges war an einen deutschen Beitrag auf der Ausstellung nicht mehr zu denken. Stattdessen erschien bei Sörgel – er war mit einer «Halbjüdin» verheiratet – die Polizei zur Hausdurchsuchung mit anschließenden Verhören durch die Gestapo. Sörgel sei kein Mitglied der NSDAP, und ein «rückhaltloser Einsatz für die Bewegung» sei von ihm nicht zu erwarten, protokollierte die Gauleitung München/Oberbayern. Auch nach diesem Schlag gab Sörgel keineswegs auf, schrieb unverdrossen Briefe, führte Gespräche. Doch sein Projekt war tot. Und dennoch machte es Karriere – dort, wo sein Erfinder es zuallerletzt sehen wollte: in den zeitgenössischen Zukunftsromanen.

«Panropa» von Georg Güntsche war 1930 der erste Roman zum Thema gewesen. Da verliebte sich die Tochter eines europäischen Industriellen in den Präsidenten der Afrikanischen Union und heiratete ihn. Mit solcher Art der Völkerverständigung war es nach 1933 vorbei. In Wolfgang Lindroders «Die Brücke des Schicksals» von 1936 baut ein deutscher Superingenieur im 23. Jahrhundert einen Staudamm bei Gibraltar. Die Sahara wird bewässert und urbar gemacht. Die Afrikaner schließen sich zu einer großen Rebellion zusammen, werden von den Weißen vernichtend geschlagen und müssen als Arbeitssklaven quer durch ihren Kontinent Kanäle ausheben. Ganz ähnlich ging es zu in Walther Kegels «Dämme am Mittelmeer» (1937).

Im 21. Jahrhundert spielte Titus Taeschners «Eurofrika. Die Macht der Zukunft», 1938 erschienen. Unter deutscher Führung bildet sich die «Eurofrika-Union», die den großen Damm bei Gibraltar errichtet. Dann ziehen die weißen Siedler gegen Afrika und besiegen in blutigen Kämpfen die «schwarzen Bestien». Deutschlands Ingenieure sind bei Taeschner die Garanten der Macht, sie bauen Strahlenbatterien, Zielkraftgeschütze und nutzen die Atomzertrümmerung.

Ganz anders geartet war der wohl erfolgreichste Atlantropa-Roman. John Knittel, der Schweizer Autor von «Via mala», veröffentlichte 1939 seinen «Amadeus». Der Roman war auch eine Verbeugung vor Herman Sörgel und ging einen bemerkenswerten Weg. Noch im Jahr des Erscheinens wurde er unter dem Titel «Power for Sale» auch in den USA auf den Markt gebracht und dort als eine Art Begleitbuch zu den großen Staudammbauten im Tennessee Valley gelesen. Die «New York Times» war von Knittels Gesellschaftsutopie sehr angetan. Seinen eigentlichen Erfolg aber feierte «Amadeus» dann im Deutschland und Europa der Nachkriegszeit. Der Bestseller vermittelte der lesenden Jugend die ursprünglichen Atlantropa-Ideen eines vereinigten Europa und einer sauber technifizierten Zukunft. John Knittel war ein steter Anhänger und Förderer Sörgels. Aber auch sein Engagement und literarischer Erfolg verhinderte nicht, dass das Projekt nach 1945 als das erschien, was es war: eine Skurrilität aus vergangenen Zeiten.

Im Dezember 1952 war Herman Sörgel auf dem Weg zu einem wissenschaftlichen Vortrag. Auf der Münchner Prinzregentenstraße wurde er von einem Auto angefahren. Er starb kurz darauf an den Verletzungen.

Routen über den Globus

Hugo Junkers und die Anfänge des Flugverkehrs

«Näher dem Adler, näher der Sonne, näher den Sternen», diese Worte stehen auf seinem Grabstein auf dem Waldfriedhof in München. Das Pathos mag überraschen: Wer sich Hugo Junkers und seinem Lebenswerk zuwendet, stößt allenthalben auf Klarheit, Nüchternheit, auf einen strengen und rationalen Geist. Doch Hugo Junkers war in der Tat ein Mann des Aufbruchs, der Kalkül und Leidenschaft in sich vereinte, Realitätssinn und Vision verknüpfte. Von Geburt an war seine linke Hand behindert. Dennoch wurde er ein begeisterter Turner und erlernte das Klavierspiel.

Im ersten Drittel des 20. Jahrhunderts trug Hugo Junkers auf zwei ganz unterschiedlichen Gebieten dazu bei, dass Technik im Alltag immer selbstverständlicher wurde: Er revolutionierte die Warmwasserversorgung der Haushalte und den Flugzeugbau; mit seiner Erfindung des Gasbadeofens und der Gastherme legte er die wirtschaftliche Basis seines großen, weitverzweigten Unternehmens, aber seine eigentliche Leidenschaft galt der Fliegerei. Seit 1919 produzierte die Firma Junkers in Dessau das erste Ganzmetall-Verkehrsflugzeug der Welt und eröffnete schon bald Fluglinien in Europa und Südamerika.

1859 in Rheydt im Rheinland geboren, studierte Junkers Maschinenbau in Karlsruhe, Berlin und Aachen. Er interessierte sich vor allem für Elektrotechnik und Thermodynamik und befasste sich mit Problemen von Verbrennungskraftmaschinen, insbesondere mit Gasmotoren. 1888 kam er nach Dessau, wo er eine Stelle bei der Deutschen Continental-Gas-Gesellschaft angenommen hatte. 1892 machte er sich selbständig, Firmenname: *Hugo Junkers – Civil Ingenieur*. Mit einem

Partner baute er eine Versuchsstation für Gasmotoren auf. Aus dieser Arbeit resultierte seine erste Erfindung, die er zum Patent anmeldete, das Kalorimeter. Damit ließ sich der Heizwert von Gasen bestimmen. Das Funktionsprinzip dieses Gerätes, der Wärmeaustausch, führte ihn zwei Jahre später zum Entwurf eines Gasbadeofens und einer Gastherme. Mit dem Finanzier Paul Ludwig gründete er 1895 die Firma Junkers & Co. Warmes Wasser aus der Wand, das wurde zum Erfolgsrezept. Vergegenwärtigt man sich die Lebensbedingungen in vielen städtischen Wohnquartieren jener Zeit, dann wird die Verheißung nachvollziehbar, die der Werbeslogan der Junkers-Werke versprach: «Jeder Tag ist Badetag!»

So wurde der Erfinder Hugo Junkers zum Unternehmer und blieb doch ein praktizierender Wissenschaftler. Von 1897 bis 1912 pendelte er zwischen Dessau und Aachen, wo er die Laboratorien der Maschinenbauer leitete. Dann konzentrierte er sich ganz auf sein Unternehmen, das nun zum bedeutenden Standort des Flugzeugbaus werden sollte.

Noch in Aachen hatte Junkers begonnen, die Grundlagen der Fliegerei zu erforschen. Junkers fand die konsequenteste Lösung für die Probleme der fliegenden Kisten. Die Doppeldecker waren recht instabil, und die zahlreichen Verstrebungen verschlechterten die Aerodynamik. Als die Leistung der Motoren stieg, musste die Konstruktion der Flugzeuge verbessert werden. Junkers setzte auf intelligenten Metallbau; Tuchbespannungen und Holzstreben wiesen nicht in die Zukunft. 1910 meldete er ein Patent auf einen neuartigen Metallflügel an. Aufgrund seiner aerodynamischen Studien hatte Junkers erkannt, dass ein dickerer Flügel keineswegs höheren Luftwiderstand bedeuten musste, die Form gab den Ausschlag. Stützen und Verstrebungen gehörten fortan zum Innenleben der Maschinen.

1914 erhielt Junkers von der Obersten Heeresleitung den Auftrag zum Bau eines Ganzmetall-Flugzeugs mit freitragenden Flügeln. Im Jahr darauf war die J 1 flugbereit. Auf dem Dessauer Werksgelände wurde nun auch ein Windkanal errichtet. Die Reste der Anlage sind heute noch im Technikmuseum Junkers zu besichtigen. Technische Entwicklungen für den Kriegseinsatz, das bereitete Junkers zu dieser Zeit keine inneren Konflikte. In seinen Werken wurden seit 1914 Zünder, Munition und Geschosse produziert.

Nach Kriegsende musste schnell wieder auf zivile Produktion umgestellt werden, auch im Flugzeugbau. Nahezu alle Unternehmen, die in den vergangenen vier Jahren das Flugzeug zur Waffe gemacht hatten, wandten sich jetzt der zivilen Luftfahrt zu. Die 1919 gegründete Junkers-Flugzeugwerke AG hatte viele Konkurrenten. Aber sie verfügte mit der F 13 bald über das erste Verkehrsflugzeug ganz aus Metall. Mit acht Personen an Bord stellte die von Junkers' Mitarbeiter Otto Reuter konstruierte Maschine einen Höhenweltrekord auf, 6750 Meter über der Erde.

Im Mai 1919 hatte Junkers die Lizenz für den regelmäßigen Flugverkehr zwischen Dessau und Weimar erhalten. Edmund Rumpler, ein weiterer Flugtechniker der ersten Stunde, flog mit seiner Gesellschaft auf der Route Berlin–Gotha–Augsburg–München. Die DLR, die Deutsche Luft-Reederei, eröffnete einen Post- und Passagierdienst zwischen Hamburg und Berlin. Mehr als 30 Fluglizenzen erteilte das Reichsluftfahrtamt 1919. Die Gesellschaften rührten die Werbetrommel, um reiche Kunden in die Luft zu holen. Wer allerdings zu füllig war, musste am Boden bleiben. Höchstens 100 Kilo durfte der Fluggast mitsamt Gepäck wiegen. Immerhin wurde die notwendige Ausrüstung bereitgestellt: Wollanzüge, Gesichtsmasken, Schutzbrillen, Handschuhe und warme Stiefel. Es war kalt in der Höhe und Fliegen noch ein Abenteuer. Gesellschaften, die mit der F 13 flogen und daher eine geschlossene Kabine anbieten konnten, hatten die Nase vorn. Die Danziger Luftpost GmbH – sie verkehrte zwischen Berlin und Königsberg – warb: «Sonderbekleidung wie Pelze, Schutzbrillen usw. überflüssig.» Doch mit zwei Problemen hatten unmittelbar nach dem Kriege alle Gesellschaften zu kämpfen: Der Treibstoff war knapp, und der Versailler Vertrag untersagte Deutschland nicht nur die Aufstellung einer Luftwaffe, sondern belegte auch Entwicklung, Bau und Betrieb ziviler Flugzeuge mit rigiden Einschränkungen. Besonders 1921/22 suchten die Siegermächte diese Bestimmungen auch durchzusetzen, Kontrollkommissionen überwachten Boden und Luft. Viele Flugzeugkonstrukteure tarnten ihre Werkstätten und tüftelten heimlich weiter. Eine Antwort auf die Auflagen war die Verlagerung ins Ausland. Auch Junkers baute auf Wunsch der Reichswehr und mit staatlichen Subventionen ab 1922 eine Flugzeugproduktion in Fili bei Moskau auf. Die Reichswehr richtete 1924 auf dem sowjetischen Flughafen Lipezk, 400 Kilometer südöstlich von Moskau, eine geheime Fliegerschule ein. Doch für Junkers erwies sich die Kooperation mit der Roten Armee als Sackgasse. Er weigerte sich, sein Know-how komplett preiszugeben, was wiederum die sowjetischen Techniker nicht freundlich stimmte. Nach drei Jahren endete die Zusammenarbeit.

Inzwischen waren die Bestimmungen immer mehr gelockert worden. Die Entwicklung war nicht aufzuhalten. Junkers ließ seine Flugzeuge Expeditionen nach Südamerika fliegen, um dort zu werben, zu verkaufen und Luftlinien einzurichten. Seit 1924 war der stilisierte fliegende Mensch, der die Arme ausbreitende Ikarus, das neue Markenzeichen aller Junkers-Werke. Die «Ganzmetall-Limousinen» starteten und landeten schon überall in Europa. Die *Ost-Europa-Union* erschloss Berlin, Danzig, Königsberg, Warschau, Riga, Petersburg. Die *Trans-Europa-Union* verband Genf, Zürich, München,

Wien, Budapest, und die *Junkers-Luftverkehr Russland* flog bis nach Persien, von Leningrad bis Teheran. 1925 wurde die *New York Junkers Corporation of America* ins Leben gerufen, in Ankara hatte jetzt die *Türkische Flugzeug & Motoren AG* ihren Sitz. In Dessau wurde eine Flugzeugführerschule eröffnet, und *Junkers Luftbild* lieferte Fotografien für die Landvermessung.

1925 wurde ein magisches Jahr in Dessau. Das Bauhaus, die schon damals ebenso berühmte wie umstrittene Schule für Gestaltung und Architektur, zog von Weimar nach Dessau. Unweit der Junkers-Werke entstand das neue Gebäude der Schule, an der so bedeutende Künstler wie Paul Klee, Lyonel Feininger, Wassily Kandinsky und Oskar Schlemmer unterrichteten. In den Werkstätten lernten die Schüler Wandmalerei und Bildhauerei, Töpferei und Webkunst, Fotografie und Typographie. Die Möbel, die in der Tischlerei und der Metallwerkstatt des Bauhauses entstanden, sind stilprägend bis heute, Musterbeispiele modernen Designs. Das Bauhaus wollte eine umfassende Reform des Bauens und Wohnens einleiten. Form und Funktion waren die neuen Leitbegriffe: klare Gestaltung, streng am Zweck orientiert. Schmückende Ornamente und traditionelle Gemütlichkeit sollten der Vergangenheit angehören. Das war kein rein ästhetisches Programm. Gesundes Wohnen in sauberen Stadtvierteln sollte kein Privileg der Reichen bleiben, und die Entwürfe sollten so gestaltet sein, dass sich die handwerkliche Qualität in der industriellen Serienfertigung nicht verlor.

Zwischen Walter Gropius, dem Direktor des Bauhauses, und Hugo Junkers entwickelte sich schnell eine Freundschaft und zwischen dem Bauhaus und den Junkers-Werken eine Zusammenarbeit. Die Gestaltung der Flugzeuge, insbesondere die Inneneinrichtung der Kabinen, wurde zum gemeinsamen Thema. Marcel Breuer, zusammen mit dem

Niederländer Mart Stam der Erfinder des sogenannten Freischwingers, kam zu den Metallspezialisten bei Junkers, um seine Stahlrohrmöbel anzufertigen. Der Stuhl ohne Hinterbeine, leicht federnd und aus wenigen Bauteilen herstellbar, verkörperte die Bauhaus-Ideologie geradezu mustergültig, von kühler Anmut und noch dazu bequem. Und da er sehr leicht war, ließ sich das Stahlrohrprinzip auch für den Entwurf von Flugzeugsitzen nutzen. Für Breuer war die Zusammenarbeit mit Junkers die Erfüllung eines Ideals: «Der gute Künstler arbeitet mit dem guten Techniker zusammen. Um eine Idee zu fassen, braucht man kein technisches Können oder Wissen. Um diese Idee zu entwickeln, braucht man technisches Können oder Wissen.» Und Walter Gropius setzte sich in einem Aufsatz mit der Frage «Wo berühren sich die Schaffensgebiete des Technikers und Künstlers?» auseinander.

Hugo Junkers stellte nun auch selbst Überlegungen zum Bauen und Wohnen an. Das Können und Wissen, das er sich beim Flugzeugbau angeeignet hatte, übertrug er auf die Konstruktion von Metallhäusern, freitragenden Hallen und Hangars. Junkers schrieb programmatisch: «Die neue Zeit hat die Form der Gebrauchsgegenstände außerordentlich stark gewandelt. Die Ansichten über Wohnhygiene, Lebensart und -gewohnheiten haben sich grundsätzlich geändert. Bei aller Gärung ist bereits erkennbar das Verlangen nach Klarheit, Sachlichkeit und Verzicht auf komplizierte Zierformen. Metallhaus und Metallrohrmöbel sollten ein neues Leben und Wohnen ermöglichen.» Man verstand sich in Dessau.

Wirtschaftlich gesehen jedoch war dies eine schwere Zeit für Junkers. Der Kampf um die Luftverkehrslinien hatte sich dramatisch zugespitzt. Die Deutsche Aero Lloyd AG, 1923 auf Betreiben der Deutschen Bank gegründet, war der schärfste Konkurrent der Junkers Luftverkehr AG. Die beiden Marktführer befehdeten sich unter großen finanziellen Verlusten. Junkers' Unternehmen geriet geradezu in die Krise. In dieser Situation wurde das Reichsverkehrsministerium aktiv, um den erbitterten Konkurrenzkampf, der mit wachsenden Subventionen einherging, beizulegen. Der Leiter der Luftfahrt-Abteilung, Ernst Brandenburg, bot Junkers staatliche Hilfe bei der wirtschaftlichen Sanierung der Flugzeugwerke an, wenn Junkers sich aus dem Luftverkehr zurückziehen und sich in Zukunft auf den Flugzeugbau beschränken würde. Hugo Junkers willigte ein. Anfang 1926 verhandelte Ernst Brandenburg mit den Vertretern der beiden Firmen über die Gründung einer neuen Fluggesellschaft. Aus Junkers Luftverkehr und Aero Lloyd entstand die Deutsche Luft Hansa AG, die im April 1926 ihren planmäßigen Flugbetrieb aufnahm.

Im Flugzeugbau aber blieben die Junkers-Werke in Dessau eine der ersten Adressen. Junkers investierte in die Forschung bisweilen mehr, als betriebswirtschaftlich zu empfehlen war. Aber gerade durch die ständige Suche nach Verbesserungen, die im Unternehmen beheimatete Forschung, erwarb sich das Dessauer Werk weltweite Anerkennung. Junkers-Flugzeuge holten viele Rekorde und setzten Maßstäbe: Im Mai 1928 gelingt mit einer Junkers W 33, einem soliden Mehrzweckflugzeug, die erste Non-Stop-Überquerung des Atlantiks von Ost nach West: Ein Jahr nach dem berühmten Flug von Charles Lindbergh starten Hermann Köhl, James Fitzmaurice und Freiherr Ehrenfried von Hünefeld auf einem kleinen Flughafen im Westen Irlands und kämpfen gegen die widrigen Westwinde an. Nach 36 Stunden landen sie auf einer kleinen Insel vor Labrador und lassen sich in New York feiern.

Schon 1923 – die wirtschaftliche Situation des Unternehmens war wegen der Inflation bedenklich – verfolgte Junkers ein geradezu visionäres Projekt, er entwarf das Nurflügel-

Das «fliegende Hotel», die G 38, hatte einen begehbaren Flügel mit Panoramafenstern und eine Spannweite von 45 Metern. Vorbild für dieses Flugzeug war Junkers' früher Entwurf eines futuristischen Nurflüglers.

flugzeug J 1000, ein rumpfloser Riesenflügel mit 80 Meter Spannweite und Platz für 100 Passagiere. Das überschritt alle technischen Möglichkeiten, doch nur sechs Jahre später baute man in Dessau mit der G 38 ein Großflugzeug, das seine Verwandtschaft mit dem Projekt J 1000 nicht verleugnen konnte. Im November 1929 stellte Junkers die G 38 der staunenden Presse vor, ein «fliegendes Hotel», wie es schnell hieß. Mit einer Spannweite von 45 Metern und einer Rumpflänge von 23 Metern war die Maschine eine beeindruckende Erscheinung. Vier Motoren lieferten 2200 PS. Wirklich imposant aber war der begehbare Flügel. In seiner Mitte bot er zwei Meter Deckenhöhe und viel Platz für Gepäck, Passagiere und Mechaniker. Und Fensterleisten an der Flügelvorderkante eröffneten den Fluggästen ein faszinierendes Panorama.

1930 schließlich wurde die bis heute bekannteste Maschine vorgestellt: die Ju 52, das erste Großserienflugzeug der Welt. Ursprünglich für den Frachtverkehr entworfen, machte sie als Passagierflugzeug Karriere und wurde unter ihrem Spitznamen «Tante Ju» berühmt. Rund 5000 Ju 52 wurden in Dessau produziert, drei dieser Maschinen fliegen, liebevoll gepflegt, noch heute.

All diese technischen Erfolge verhinderten nicht, dass die Junkers-Werke infolge der Weltwirtschaftskrise eine finanzielle Talfahrt erlebten. 1931 kam es zu einem Gläubigervergleich, und 1932 musste das Stammwerk, die Junkers & Co. für Warmwasserapparate, an die Robert Bosch AG verkauft werden.

1933 endete dann die Ära des Hugo Junkers in Dessau: Mit der Machtübernahme der Nationalsozialisten waren nicht nur die Tage des Bauhauses gezählt. Sofort begann die Ausrichtung der gesamten Wirtschaft auf eine künftige Aufrüstung. So geriet auch das größte Flugzeugwerk im Land ins Visier der militärischen Planer. Hugo Junkers verweigerte sich konsequent der Zusammenarbeit mit den Nationalsozialisten. Seine Anschauungen hatten sich seit dem Ersten Weltkrieg gewandelt. Der Pionier der zivilen Luftfahrt warnte nun öffentlich vor einer «Kriegspsychose». Der Luftwaffenchef Hermann Göring ließ ihn anklagen, unter dem konstruierten Vorwurf, Junkers habe der Roten Armee zugearbeitet. Bereits im Juni wurde Junkers gezwungen, seine Patente an das Reichsluftfahrtministerium zu übertragen. Im Oktober wird ihm das Betreten seiner Werke untersagt, er muss Dessau verlassen und alle seine Werke überschreiben: Der Weg zum staatlichen Rüstungskonzern ist frei. Auf einer Zusammenkunft mit Industriellen im Reichsluftfahrtministerium verkündet Göring, er werde binnen Jahresfrist «die Wende in der Stellung Deutschlands auf dem Gebiet der Luftfahrt» herbeiführen.

Nach der kalten Enteignung darf Hugo Junkers sich nur noch in München und in seinem Haus in Bayrischzell aufhalten. Er kann sich nicht frei bewegen, und seine Kontakte werden überwacht. In München gründet er die Forschungsanstalt Professor Hugo Junkers GmbH. Arbeiten zum Flugzeugbau sind ihm untersagt, Junkers befasst sich mit Studien zum Metallhausbau. Forschungen zu Konstruktionen mit dünnwandigem Metall gehören zu seinen letzten Arbeiten. Am 3. Februar 1935 stirbt Hugo Junkers. Zu seiner Beisetzung entsendet das Regime Rudolf Heß, Hitlers «Stellvertreter» in der Partei, zur Kranzablage und demonstrativen Trauer um den «verdienstvollen Professor» der Luftfahrt.

Unter dem Namen «Junkers» werden ab 1939 dann ganz andere Maschinen fliegen. Die Ju 87 ist ein Sturzkampfbomber. Der «Stuka» wird zum wichtigsten Element der Strategie des «Blitzkrieges». Aus großer Höhe stürzen sich die Stukas auf ihre Ziele und erzeugen dabei mit ihren Sirenen ein martialisches Heulen, bevor sie ihre Bomben abwerfen.

Mit der Laubsäge zur angewandten Logik

Der Computerbauer Konrad Zuse

Den Beginn des Zweiten Weltkrieges erlebte Konrad Zuse wie eine unliebsame Störung: «Mich selber trafen die politischen Ereignisse völlig unvorbereitet. Ich wurde mitten aus meiner Arbeit gerissen und aufgrund meiner früheren kurzen Ausbildung bei der Reichswehr zur Infanterie eingezogen.» Seit drei Jahren schon verfolgte der 29-Jährige zäh eine Idee. Er wollte eine neuartige Maschine bauen, einen programmierbaren, vollautomatischen Rechner. Eine hatte er bereits gebaut, die *Z1*. Doch sie funktionierte nicht so recht. 1939 war Zuse mit einigen Helfern und Studienfreunden dabei, ein Nachfolgemodell zu entwickeln. Kurz vor seiner Einberufung war es nahezu fertig. Jetzt aber saß er als Soldat in der Eifel. Der Krieg hatte begonnen, doch an die Front musste Zuse nicht. Wir sehen ihn in einer merkwürdig anmutenden Kasernenidylle. Nach dem Drill fand er sogar noch Zeit, über eine Theorie des allgemeinen Rechnens zu grübeln. Sooft es ging, packte er sein Reiseschachspiel aus: «Beim Schachspiel konnte man auf wenig Raum und mit wenigen Elementen eine komplizierte Verflechtung von Bedingungen, Fallunterscheidungen und dergleichen studieren.»

Darüber hinaus beschäftigte ihn eine ganz andere Frage von unmittelbarer Dringlichkeit: Wie komme ich zu einer Uk-Stellung? «*U*nab*k*ömmlich» gestellt, also vom Wehrdienst befreit, wurden Personen, die in einem kriegswichtigen Bereich, vorzugsweise in Rüstungsbetrieben, arbeiteten. Zuse machte einen Vorstoß beim Heereswaffenamt: Seine Rechenmaschine sei von hohem Interesse für das Chiffrieren und Dechiffrieren von Nachrichten. Auf die Schnelle entwarf er ein entsprechendes Gerät und wurde geladen. Kein Interesse, so etwas haben wir schon, lautete die Antwort. Doch Zuse war im Gespräch. Nach einem halben Jahr Wehrdienst wurde er tatsächlich uk-gestellt, aber nicht der Rechenmaschine wegen: Der Ingenieur wurde bei seinem früheren Arbeitgeber gebraucht, den Henschel-Werken. Dort wurden in der Sonderabteilung F ferngesteuerte fliegende Bomben entwickelt. Zuse hatte wieder Zeit für seine Z 2 – abends, nachts und an den Wochenenden.

Konrad Zuse wurde 1910 als Sohn eines Beamten in Berlin geboren, zur Schule ging er in Hoyerswerda. Seine erste Leidenschaft für Technik lebte er mit einem Stabilbaukasten aus. Das war gewissermaßen der Vorläufer der Lego-Steine. Metallschienen und -winkel, Lochbleche, Räder und Laufrollen, kleine runde Pappdosen mit Schrauben und Muttern, dazu die passenden Werkzeuge – der Stabilbaukasten gehörte in jeden Haushalt mit technisch begabten Kindern. Zuse schraubte Kräne und Greifer und nahm an einschlägigen Wettbewerben teil. Im Alter von 16 Jahren entdeckt er außerdem die Welt der Kunst und übt sich im Zeichnen. Und er sieht einen Kinofilm, der ihn nachhaltig beeindruckt. «Metropolis» von Regisseur Fritz Lang spielt in einer riesenhaften Stadt der Zukunft, Wolkenkratzer, von Verkehrsadern durchzogen, von Menschenströmen belebt. Ein Aufenthalt in New York hatte Fritz Lang 1924 zu diesem Film inspiriert. Und Zuse macht daraus seine Jahresarbeit für die Oberprima. Er entwirft sein Metropolis, eine Stadt für 35 Millionen Einwohner, nach verkehrstechnischen Gesichtspunkten, mit zentralem Straßensystem und Kleeblattkreuzungen, U-Bahn-Netz, Bahnhöfen für Lokal- und Expresszüge, für die er sogar die Fahrpläne aufstellt.

Zuse beginnt 1928 ein Studium der Architektur in Berlin, an der Technischen Hochschule in Charlottenburg. Er ist vielseitig interessiert, Literatur, Malerei, Fotografie. Zuse

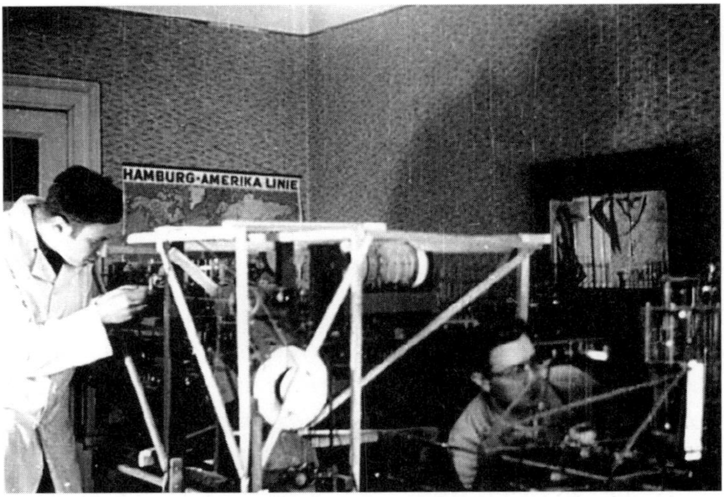

Z 1 arbeitet nicht: Konrad Zuse und sein Kommilitone Helmut Schreyer beim Bau des ersten Rechners im Jahr 1936 in der elterlichen Wohnung. Schreyer schlug vor: «Das musst du mit Röhren machen.»

liest die Lyrik Rilkes. Nietzsche legt er schnell wieder zur Seite, studiert aber ausführlich «Das Kapital» von Karl Marx. Oswald Spengler interessiert ihn, von der Autobiographie Henry Fords ist er dann geradezu entzückt: «Endlich einmal ein Bekenntnis zur Technik!» Und als 1929 Fritz Langs neuer Film «Frau im Mond» in die Kinos kommt, «träumte auch ich von der Mondrakete». Dann hadert er mit seinem Studienfach, der Architektur, und wechselt die Richtung: «Der Bauingenieur erschien mir nun als die ideale Kombination von Ingenieur und Künstler.» Noch während des Studiums will er seine weitgefächerten Interessen bündeln, er hat, inspiriert durch die Zahlenflut der Baustatik, die ersten Ideen zu einem programmgesteuerten Rechenautomaten.

1934 erhält der frischgebackene Bauingenieur seine erste Anstellung. Nicht die Statik von Gebäuden, sondern die von Flugzeugen berechnet er nun bei den Henschel-Werken in

Berlin-Schönefeld. Aber nur ein Jahr lang, dann kündigt er, zum Schrecken seiner Eltern. Zuse will sich ganz dem Bau seiner Maschine widmen. Er stürzt sich 1936 ins Abenteuer *Z 1*, die Wohnung der Eltern wird zu seiner Werkstatt.

Ein Schulfreund, die Schwester und die Eltern sind die ersten Geldgeber für Zuses Projekt, «etliche tausend Mark» kommen zusammen. 1937 notiert Zuse in seinem Tagebuch: «Seit etwa einem Jahr beschäftige ich mich mit dem Gedanken des mechanischen Gehirns.» Unter dem 19. Juni schreibt er: «Ein primitiver Typ des mechanischen Gehirns besteht aus einem Speicherwerk, Wählwerk und einer einfachen Vorrichtung, in der einfache Bedingungsketten von 2–3 Gliedern behandelt werden können. Mit dieser Form des Hirns muss es theoretisch möglich sein, sämtliche Denkaufgaben zu lösen, die von Mechanismen erfassbar sind.» Zuses Maschine soll mit binären Zahlen arbeiten – und zwar rein mechanisch! Da elektrische Relais zu teuer sind, verwendet er selbstgefertigte dünne Bleche, die sich vor- und zurückschieben lassen. Zuerst entsteht das Speicherwerk für 64 Zahlen. Eine schier endlose Bastelarbeit, bei der ihn einige Freunde unterstützen. Tausende von Schaltblechen müssen möglichst exakt ausgeschnitten werden. Zuse stellt Pappschablonen her, und seine Helfer produzieren mit einer kleinen elektrischen Laubsäge die Blechrelais.

1938 war die Maschine fertig. Sie passte gerade so ins Wohnzimmer, mobil war der Trumm nicht mehr. Karl-Ernst Hoestermann, einer der späteren Mitarbeiter, erinnerte sich an seinen ersten Besuch bei Zuse: «In einem großen Wohnzimmer, im Jugendstil möbliert, stand ein mechanisches, undefinierbares Etwas, zusammengebaut aus Blech, Stabilbaukasten-Einzelteilen, Glasplatten, Kurbelarmen, Zahnrädern und einer Programmwalze wie bei einem Glockenspiel, in der Größe eines Esstisches für 8 Personen. Dieses Gebilde wurde mir als erste programmgesteuerte, mechanische Rechenmaschine vorgestellt.» Unter Gerassel rechnete die *Z 1*, gesteuert von einem Filmstreifen, in den per Handlochung die Befehle eingetragen waren. Sie sollte nicht nur addieren, subtrahieren, multiplizieren und dividieren, sondern auch Wurzeln ziehen und Dezimal- in Dualzahlen (und umgekehrt) übersetzen können. Aber insbesondere die Mechanik der Recheneinheit erwies sich als untauglich.

Zusammen mit seinem Freund Helmut Schreyer machte sich Zuse an das Konzept für die zweite Maschine. Die *Z 2* sollte das mechanische Speicherwerk mit einem Relaisrechenwerk kombinieren. 1940 gelang es Zuse, das Gerät «einigermaßen vorführbereit» aufzubauen. Er bat die Deutsche Versuchsanstalt für Luftfahrt (DVL) um Begutachtung seiner neuen Maschine. Als die Kommission im September bei ihm erschien, geschah ein kleines Wunder: Die *Z 2* arbeitete ohne Fehler und erregte das wohlwollende Interesse der Herren. Danach habe er die *Z 2* kaum noch einmal zum einwandfreien Betrieb bringen können, schrieb Zuse in seinen Erinnerungen «Der Computer mein Lebenswerk». Immer wieder versagten die alten Telefonrelais, die er aus Materialnot verwendet hatte. Aber es hatte ja gereicht. Zuse, der bereits mit einer *Z 3* begonnen hatte, bekam von der DVL die Zusage für eine Teilfinanzierung des laufenden Projekts.

Die *Z 3* war die erste Maschine ohne laubgesägte Bleche und bestand aus insgesamt 2600 Relais. Am 12. Mai 1941 kann Zuse sie wiederum den Gutachtern der DVL vorführen. Trotz des Erfolgs wird er kurz darauf erneut einberufen. Er soll an die Ostfront: «Was einem dort bevorstand, wusste jeder. Andere ließen ihre Familie zurück, ich die *Z 3*.» Doch nach wenigen Tagen erhält er abermals eine Uk-Stellung und ist wieder Statiker bei Henschel. Er kann sogar eine Reduktion seiner Arbeitszeit erwirken und gründet, mitten im Krieg, seine erste Firma, die *Zuse Ingenieurbüro und Apparatebau, Berlin*. Mit einigen wenigen Mitarbeitern entwickelt Zuse nun weitere Rechenmaschinen. Bemerkenswert sind dabei die Spezialmodelle *S 1* von 1942 und *S 2* von 1944, die Zuse für die Sonderabteilung F bei Henschel konzipierte und auch einsetzte.

Bei Henschel in Berlin wurden neuartige Flug- und Gleitbomben gebaut, die mit Tragflächen und Leitwerken versehen waren. Leiter der Sonderabteilung F war Professor Herbert Wagner. An der TH Berlin-Charlottenburg hatte er das Fachgebiet Luftfahrt mitbegründet. Ab Ende 1935 arbeitete Wagner als Rüstungstechniker in den «neuen» Junkerswerken in Dessau und befasste sich dort unter anderem mit Strahltriebwerken. Nach Kriegsbeginn kehrte er nach Berlin zurück und übernahm die Leitung der Abteilung F bei Henschel. Die Hs 293, die von Flugzeugen auf Erd- und Seeziele abgeworfen wurde, war die wirkungsvollste deutsche Lenkflugwaffe und für damalige Verhältnisse sehr treffgenau. Sie hatte eine Spannweite von 3,10 Metern, war knapp vier Meter lang, erreichte eine Geschwindigkeit von 950 km/h, und ihre Reichweite betrug bis zu 18 Kilometer. Nach dem Abwurf wurde sie vom Flugzeug aus per Funk ins Ziel gesteuert. Diese Steuerung war schwierig, kleinste Fertigungsungenauigkeiten von Tragflächen und Leitwerk erschwerten sie zusätzlich. Abhilfe schaffte eine entsprechende, korrigierende Einstellung der Leitwerke. Mit den dazu nötigen Berechnungen waren die damaligen Tischrechenmaschinen überfordert, Zuses *S 1* hingegen konnte die Zahlenflut bewältigen. Zwei Jahre lang arbeitete sie, ehe sie 1944 bei einem Bombenangriff zerstört wurde.

Die *S 2* leistete dann erstmals eine Prozesssteuerung durch einen Rechner: «Es wurden besondere Messgeräte gebaut, Analog-Digital-Wandler, wie wir heute sagen, bei denen die Positionen der Messuhren schrittweise vom Rechengerät her abgetastet wurden. Gleichzeitig lief ein Schrittschalter im Rechengerät mit, der die so abgelesenen Positionen als

Binärzahlen auf das Rechenwerk übertrug.» Die *S 2* kam allerdings nicht mehr zum Einsatz. Eine absurde Situation Anfang 1944 im Henschel-Werk Warnsdorf im Sudetenland: Zuse baut hier seine *S 2* auf, als der Befehl zur Demontage des gesamten Werks eintrifft. Zuse erledigt seine Arbeit und fährt nach Berlin, ehe die *S 2* wieder demontiert wird. Was mit ihr geschah, ist ungewiss.

Den anderen Maschinen Zuses geht es nicht besser. Sie werden alle bei Bombenangriffen zerstört. Mit einer Ausnahme: Die noch im Bau befindliche *Z 4* kann Zuse retten. Dreimal wird sie, wegen der ständigen Luftangriffe, innerhalb Berlins in Sicherheit gebracht. Dann aber tritt Zuse 1945 mit der *Z 4* in den letzten Kriegswochen eine abenteuerliche Reise durch Deutschland an. Seine Frau ist dabei und einige seiner Mitarbeiter. Zwei Wochen dauert die Fahrt im Eigenbahnwaggon von Berlin nach Göttingen, wo die *Z 4* in der Aerodynamischen Versuchsanstalt aufgebaut wird: «Dort konnten wir sie so weit fertigstellen, dass sie die ersten programmgesteuerten Rechnungen durchführte.» Dann rückt der Krieg näher. Von Göttingen wird die *Z 4* in den Harz gebracht, wo sie unter Tage Schutz finden soll.

Hier im Südharz sehen Zuse und seine Begleiter das Lagersystem «Dora Mittelbau». In den kilometerlangen Stollen des Lagers und der zahlreichen Nebenlager waren Tausende von Zwangsarbeitern und KZ-Häftlingen eingepfercht, ohne je das Tageslicht zu sehen. Sie mussten die deutschen «Vergeltungswaffen», so der Slogan der Propaganda, die *V 1* und die *V 2* montieren. Die *V 1* war die von Robert Lusser, dem Chefkonstrukteur der Kasseler Fieseler-Werke, entworfene Flugbombe *Fi 103*, genannt «Kirschkern», deren Entwicklung von der Luftwaffe gefördert wurde; ihre Produktion war aus dem Volkswagenwerk bei Fallersleben hierher verlagert worden. Die *V 2* war die unter der Leitung Wernher von Brauns in Peenemünde entwickelte Fernrakete *A 4*. Von Braun hatte das Heereswaffenamt für sein aufwändiges Projekt gewonnen. Nach einem britischen Luftangriff auf das Gelände an der Ostsee im August 1943 zogen auch diese Raketentechniker nach «Dora Mittelbau». 6000 *V 2* wurden hier hergestellt. Viele davon wurden für Luftangriffe auf London und Antwerpen eingesetzt. Die Reichweite beider Geschosse lag deutlich über 300 Kilometer, doch die militärische Wirkung der «Wunderwaffen» war gering.

1945 kam es zu unbeschreiblichen Situationen. Im Januar trafen mehr als 3000 Häftlinge aus Auschwitz und Monowitz in «Dora Mittelbau» ein, im Februar und März nochmals 15 000, mehr als 40 000 Häftlinge waren es nun insgesamt. An Hunger und Krankheiten starben in diesen zwei Monaten rund 5000 Menschen, Exekutionen und Massenhinrichtungen gehörten zum Lageralltag. Um den 20. März wurde die Produktion eingestellt, die Evakuierungen der Häftlinge wurden zu Todesmärschen. Im April fanden US-Truppen die Produktionsanlagen der deutschen Raketenbauer fast unzerstört vor.

Konrad Zuse jedenfalls hatte gesehen, was Wernher von Braun niemals gesehen haben wollte. Zuse organisiert einen Lkw der Wehrmacht mit einem Anhänger, auf den die *Z 4* verladen wird. Zwei weitere Henschel-Ingenieure schließen sich der Gruppe auf der Fahrt gen Süden an: «Vierzehn Tage lang flohen wir entlang der Front, vorbei an brennenden Ortschaften und über zerbombte Straßen.» Sie fahren durch das nächtliche, ganz und gar abgedunkelte München, dann in die Alpen. In Oberjoch bei Hindelang finden sie ein Quartier. Hier treffen sie Wernher von Braun, den Raketenbauer, auf der Flucht vor (oder soll man sagen: auf der Suche nach?) den Amerikanern. Im Dörfchen Hinterstein schließlich erwarten Zuse und seine *Z 4* das Ende des Krieges.

Zuses Geschichte bis 1945 zeigt uns einen Einzelgänger, einen Erfinder, umgeben von Helfern und Freunden, im wesentlichen aber auf sich allein gestellt, sieht man von der finanziellen Unterstützung durch die DVL einmal ab. Das Interesse von Militärs und Rüstungstechnikern an seinen Arbeiten war jedoch begrenzt. Zuse war als Computerbauer das, was man später einen «Garagenerfinder» nennen sollte. Gleichzeitig war Zuse Rüstungstechniker für Flugzeug- und dann für Bombenbau. Und der Betrieb seines Spezialmodells *S 1* wie auch die Entwicklung der *S 2* zeigen deutlich, wie schnell er mit seinen neuartigen Rechenmaschinen in den Sog erhöhter Kriegswichtigkeit hätte kommen können.

Oft wird seine *Z 3* als der weltweit erste zuverlässig arbeitende Computer genannt. Andere Fachleute scheuen sich, Zuses Apparate schon Computer zu nennen. *Who is Zuse?*, fragte man noch in den siebziger Jahren vor allem in den USA, die ja mit Howard Aiken ebenfalls ihren eigenen «ersten Computerbauer» hatten. Und in den dreißiger Jahren gab es eine Vielzahl von Wissenschaftlern, die sich intensiv damit befassten, programmgesteuerte Rechner zu entwerfen, mathematisch-logisch einerseits, technisch andererseits.

Vor allem von den Mathematikern Alonzo Church aus den USA, von Emil Post, einem Amerikaner polnischer Herkunft, und dann von Alan Turing aus Großbritannien stammen maßgebliche Arbeiten. Turing veröffentlichte 1936 – Zuse hatte gerade den Speicher der *Z 1* fertiggestellt – seine Abhandlung «On Computable Numbers». Darin formulierte Turing, ausgehend von den Entwürfen des legendären Mathematikers Kurt Gödel, ganz elementare mathematische Schritte auf der Basis des Binärsystems. Was überhaupt ist eine Berechnung?, lautet seine Ausgangsfrage. Er beginnt geradezu vor aller Arithmetik, indem er mit der 0 und der 1 eine Folge von Zuständen definiert. Dieses radikale Minimalkonzept ist nach Turing hinreichend, um zu errechnen, was in der Welt überhaupt zu errechnen ist. Aus seinen streng formalen Überlegungen entsprang unmittelbar sein Konzept der Turing-Maschine – und die Turing-Maschine ist das abstrakte Modell eines Rechners. Kurzum: Der geniale Brite hatte 1936 den maßgeblichen Beitrag zur theoretischen Informatik geliefert.

Ein weiterer Gründervater der neuen Wissenschaft ist John von Neumann. Der deutsch-ungarische Mathematiker beschrieb 1945 die Von-Neumann-Architektur, den grundsätzlichen Aufbau der Hardware eines Computers: Der Arbeitsspeicher, in dem sich die Datenspeicher wie die Programmspeicher befinden, ist vom Prozessor getrennt. Entscheidend dabei: Die Bearbeitung der Daten kann mit den unterschiedlichen Programmen erfolgen, die aus dem Speicher abrufbar sind. Einfacher gesagt: Der Rechner wird flexibel, die Programme, die er gespeichert hat, ermöglichen unterschiedlichste Operationen. Gerade die Frage nach der Variabilität der Programme ist für die Beurteilung der ersten Rechner entscheidend. Was konnten sie? Waren sie beschränkt auf einige wenige «starre» Abläufe oder in der Lage, komplexe Rechenoperationen durchzuführen? Waren sie «universell»? Der Computerhistoriker Raúl Rojas hat Zuses Rechner in dieser Hinsicht hoch bewertet, die Kriterien der Von-Neumann-Architektur habe Zuse vorweggenommen: «Speicher und Prozessor waren getrennte Einheiten, der Prozessor konnte Gleitkommazahlen bearbeiten und beherrschte die vier arithmetischen Grundrechenarten ebenso wie die Quadratwurzelberechnung.» Insbesondere der *Z 3* bescheinigte Rojas eine immerhin große Nähe zur abstrakten Turing-Maschine.

In den USA baute Howard Aiken seinen Computer *Mark I* zwischen 1939 und 1944 an der Harvard University. Der *Mark I* war ebenfalls noch ein elektromechanischer Rechner. Elektronenröhren, wie sie in Radiogeräten verwendet wur-

Mit Hilfe des programmierbaren Rechners *Colossus* – er verfügte über 1500 Elektronenröhren – wurden in Bletchley Park bei London ab 1943 deutsche Funksprüche entschlüsselt. Am Ende des Krieges arbeiteten hier rund 7000 Männer und Frauen. Konstrukteur des *Colossus* war der Ingenieur Tom Flowers.

den, benutzten dann für den Bau ihres Rechners die Physiker Presper Eckert und John Mauchly von der University of Pennsylvania. Den Auftrag erhielten sie von der U.S. Army. Der *Electronic Numerical Integrator And Computer* (ENIAC) war aber erst kurz nach Kriegsende einsatzbereit. Er bestand aus mehr als 17000 Röhren und füllte eine ganze Halle aus. Dafür rechnete er mit bis dahin unbekannter Schnelligkeit und Zuverlässigkeit. Doch erst der Nachfolger des ENIAC hatte in seinem Speicher verschiedene, schnell abrufbare Programme. Am Bau des *Electronic Discrete Variable Computer* (EDVAC) von 1951 war auch John von Neumann beteiligt. Gespeicherte Programme hatte zwei Jahre zuvor bereits der Rechner des Briten Maurice Wilkes. Und schon 1943 arbeitete der *Colossus* auf diese Weise, ein auf die Dechiffrierung spezialisierter Rechner, mit dem die Kryptographen in Bletchley Park bei London die deutschen, von der *Enigma*-

Maschine verschlüsselten Funksprüche lesen konnten. Der führende Kopf dieses streng geheimen Unternehmens hieß Alan Turing.

Aber zur Geschichte der Computer gehört noch ein Blick viel weiter zurück. John Napier, Thomas Hariot und Gottfried Wilhelm Leibniz sind im 17. Jahrhundert die Pioniere des Rechnens im binären Zahlensystem. Und im frühen 19. Jahrhundert stößt man in London auf die ersten Computerbauer, auf Charles Babbage und seine Mitarbeiterin Ada King Byron, Countess of Lovelace. Die Tochter des Dichters Lord Byron hatte eine naturwissenschaftliche Ausbildung erhalten und war eine begnadete Mathematikerin. Sie entwickelte eine Methode, nach der sich die sogenannten Bernoulli-Zahlen mit einer Maschine berechnen ließen. Der Algorithmus der Ada Lovelace war so etwas wie das allererste Computerprogramm. Und Charles Babbage war einhundert Jahre vor Konrad Zuse der erste Computerbauer. 1823 entwarf er seine *Differenz-Maschine No. 1*, an deren Mechanik er nach zehnjähriger Arbeit schließlich verzweifelte. Seine *Differenz-Maschine No. 2* wurde ebenfalls nie fertig. Babbage unterschied bereits zwischen Speicher, Rechenwerk, Ein- und Ausgabewerk und entwickelte Ansätze zur freien Programmsteuerung. Was bei Zuse und seiner *Z 1* die dünnen Bleche, das waren bei Babbage Zahnräder. Wie bei Zuse die Zahlenflut statischer Berechnungen den Anlass zum Rechnerbau gab, so bei Babbage die endlosen Tabellen des Astronomen John Herschel. Babbages Entwürfe waren Zuse jedoch unbekannt.

Im Jahr 1946 gründete Konrad Zuse in Hopferau bei Füssen ein Ingenieurbüro und 1949 dann die Zuse KG in Hessen. Zu den ersten Arbeiten nach dem Krieg gehörte die Reparatur der über die letzten Kriegstage geretteten Z 4. Sie wurde von der ETH Zürich angemietet und war zu dieser Zeit in Europa der einzige funktionsfähige Computer. Bis in die fünfziger Jahre blieb die Maschine in Betrieb.

Bis 1956 baute die Zuse KG Geräte mit Relaistechnik. Dann begann die Ära der Elektronik. Die *Z 22* war Zuses erster Rechner mit Magnetspeichern. Eine dieser riesigen Rechenanlagen ist in Karlsruhe zu bewundern, bis zum Jahr 2005 wurde sie durch den ständigen Austausch defekter Röhren funktionstüchtig gehalten. Heute wird sie nur noch selten angeworfen.

Als die Zuse KG 1967 von der Siemens AG übernommen wurde, hatte sie insgesamt 251 Computer ausgeliefert. Durch all die Jahre ziehen sich für Zuse Patentstreitigkeiten. 1951 war ein durch den Krieg unterbrochenes Patentverfahren von 1936 neu aufgenommen worden, 1953 erhob die Firma Triumph Einspruch, 1959 schien Zuses Anspruch schon bestätigt, ehe ein neuer Widerspruch die Sache bis 1967 offenhielt und das Bundespatentgericht am 14. Juli Zuses Maschinen zwar «Neuheit und Fortschrittlichkeit» bescheinigte, jedoch «mangels Erfindungshöhe» kein Patent erteilte.

Nach seiner Pensionierung verwandelte sich Konrad Zuse immer öfter in «Kuno See» und widmete sich unter diesem Namen der Malerei. Ein Nachbau der *Z 3* steht heute im Deutschen Museum in München. Und im Technikmuseum in Berlin ist der Nachbau der *Z 1* zu sehen, den Konrad Zuse, stets im weißen Kittel, selbst geleitet hat. Kurz vor Fertigstellung klemmte es wieder im Rechenwerk. Zuse fand nach kurzer Suche den schadhaften Stift und konnte im September 1989 dem Museum die funktionsfähige *Z 1* übergeben. 1995 verstarb Konrad Zuse in Hünfeld. Er hat ein Vermächtnis an Erfinder hinterlassen: «Ich hoffe, dass wir auch in Zukunft nicht nur Platz haben für wohlausgebildete Spezialisten, sondern auch für universell Begabte. Ich glaube, dass gerade Vielseitigkeit die Voraussetzung für aus dem Rahmen fallende Ideen bildet.»

Vom «Manhattan-Projekt» bis zur Genbank im arktischen Eis

Betrachtet man die wichtigen Erfindungen der zweiten Hälfte des 20. Jahrhunderts, so scheint sich Konrad Zuses Hoffnung auf den vielseitigen Erfinder nicht zu erfüllen. Man erkennt einen Trend zur Spezialisierung, eine in Großprojekten organisierte Versammlung der Talente zur planvollen, ja zur gelenkten Innovation. Der Austausch zwischen den Fächern und Sektoren, zwischen Forschung und Wirtschaft hat sich nochmals intensiviert. Arbeiten aus der angewandten Mathematik ermöglichen im Verein mit gestiegenen Rechnerleistungen neue Verfahren im Flugzeugbau oder bestimmen wie von unsichtbarer Hand die Logistik unseres Alltags, von der Ampelanlage bis zum Telefonnetz, von der Verteilung der Sendemasten und Satelliten bis zum Takt der U-Bahn. Eine geradezu unendliche Kombinatorik ist im Laufe dieses Jahrhunderts entstanden.

Und immer wieder stehen zivile und militärische Entwicklungen in Wechselwirkung. Was im Ersten Weltkrieg begonnen hatte, fand seine Fortsetzung im Zweiten: Technifizierung, Rüstungsindustrie und Rohstoffbeschaffung bestimmten in zunehmendem Maße den Kriegsverlauf. Flugzeuge und Panzer, die zwischen 1914 und 1918 ihren ersten «Auftritt» gehabt hatten, wurden zwischen 1939 und 1945 die entscheidenden Waffen, ständig weiterentwickelt und in hohen Stückzahlen produziert. Der Einsatz deutscher U-Boote gefährdete die Versorgung Großbritanniens über den Atlantik, und im Pazifikkrieg zwischen Japan und den USA waren die Flugzeugträger eine Schlüsselwaffe. Darüber hinaus wurden im Zweiten Weltkrieg aber auch gerade die wissenschaftlichen Kräfte stärker gebündelt und in die Rüstungsindustrie eingespannt. Lenkflugwaffen wurden gebaut, und in Großbritannien und Deutschland arbeitete man fieberhaft an Radargeräten. Die deutschen Flugzeugfirmen Heinkel und Messerschmitt konstruierten die ersten Düsenjäger. Auf dem Gelände der Heeresversuchsanstalt in Peenemünde arbeiteten die Raketentechniker unter Wernher von Braun und Walter Dornberger. Im Oktober 1942 gelang der erste Probeschuss, über 120 Kilometer legte die Rakete mit Überschallgeschwindigkeit zurück. Die Anfänge der Weltraumfahrt lagen in der Entwicklung einer Terrorwaffe.

Das größte und folgenreichste Projekt zur systematischen Herbeiführung einer kriegswichtigen Erfindung aber wurde in den USA ins Werk gesetzt. In Los Alamos, in der Wüste New Mexicos, entstand das Forschungsgelände des «Manhattan-Projekts», hier wurden die ersten Atombomben entwickelt und die größte Zerstörungskraft freigesetzt, die der Mensch je erdachte. Mit enormem Aufwand wurde die rüstungstechnische Anwendung der Erkenntnisse der Atomphysik geradezu erzwungen.

Eigentlich beginnt diese Geschichte schon 1919, im Labor. Dem britischen Physiker Ernest Rutherford war gelungen, was die Alchimisten seit Jahrhunderten vergeblich versucht hatten, die Verwandlung der Materie: Durch Beschuss mit sogenannten Alphateilchen hatte er aus Stickstoff die Elemente Sauerstoff und Wasserstoff erzeugt. 1932 hatte der Brite James Chadwick dann das theoretisch postulierte Neutron nachweisen können, und der Italiener Enrico Fermi hatte Urankerne damit beschossen. Die deutsche Chemikerin Ida Noddack stellte die These auf, bei einem solchen Beschuss sei auch der Zerfall der Kerne denkbar. Dann war es so weit: Im Dezember 1938 beobachteten die Chemiker Otto Hahn, einst Schüler Rutherfords, und Fritz Straßmann in ihrem Labor in Berlin-Dahlem die Spaltung eines Uranatoms. Hahn war trotz der Diskussionen der vergangenen Jahre irritiert über seine Versuche, die ihm einen «allen bisherigen Erfahrungen der Kernphysik widersprechenden Sprung» zu bedeuten schienen, und wandte sich an seine langjährige Kollegin Lise Meitner. Die in Wien geborene Jüdin, 1922 Deutschlands erste Professorin der Physik, war erst kurz zuvor aus Berlin ins rettende Schweden geflohen. Lise Meitner und ihr Neffe, der Physiker Otto Frisch, diskutierten Hahns Mitteilung, bestätigten seine Deutung – und erschraken, nachdem sie berechnet hatten, welche Energien die Kernspaltung freisetzte.

Ehe man sich versah, schien sich ein Wettlauf anzubahnen. Die sorgenvolle Frage lautete: Wie weit sind die Deutschen? Sind sie dabei, die neue Bombe zu bauen? Wie groß ist ihr theoretischer und technischer Vorsprung? Insbesondere die Emigranten unter den Physikern waren aufgeschreckt. Im Juli 1939 suchte Leó Szilárd, der 1933 aus Deutschland geflohen und 1938 in die USA gegangen war, seinen Freund und Kollegen Albert Einstein auf, um ihn zu bewegen, gemeinsam einen Brief an den amerikanischen Präsidenten Roosevelt zu richten und eindringlich auf die Gefahr einer deutschen Bombe hinzuweisen. Der Brief wurde Roosevelt am 3. Oktober überreicht und blieb nicht ohne Wirkung: Im Oktober 1941 wurde im engsten Beraterkreis und unter strikter Geheimhaltung beschlossen, mit der Entwicklung der Atombombe zu beginnen. Zum organisatorischen Leiter des «Manhattan-Projekts» wurde der Brigadier General Leslie R. Groves ernannt, die wissenschaftliche Leitung lag bei dem jungen Physiker J. Robert Oppenheimer. Im Dezember 1942 gelang an der University of Chicago die erste sich selbst erhaltende Kettenreaktion. Wenige Monate später nahm man in Los Alamos die Arbeit auf, diverse Institute und Firmen im ganzen Land waren beteiligt, ein weitverzweigtes Unternehmen, das etwa drei Milliarden Dollar kosten würde. Großanlagen zur Gewinnung spaltbaren Urans waren erforderlich, die Firma du Pont baute einen Atommeiler und eine Aufbereitungsanlage zur Herstellung von Plutonium. Und am 16. Juli 1945 fand in Alamogordo, New Mexico, der «Trinity Test» statt, die erste Atomexplosion. Am 6. August fiel die erste Atombombe auf Hiroshima, am 9. August eine weitere auf Nagasaki. Der Zweite Weltkrieg war beendet, zu seinen Hinterlassenschaften gehörte die atomare Bedrohung, die Existenz einer verheerenden Zerstörungskraft.

Das Atomzeitalter hatte begonnen, der Kalte Krieg zwischen den Supermächten USA und Sowjetunion stand immer auch im Zeichen der neuen Waffe. Man sprach von einem «Gleichgewicht des Schreckens»: Kein Staat würde sie einsetzen, die eine Macht drohte der anderen mit einem sofortigen Gegenschlag. Doch bei jeder Verschärfung der Konfrontation wuchs die Angst vor der alles zerstörenden Bombe, so besonders im Oktober 1962 während der Kuba-Krise. Mehr als jemals zuvor hatte eine Technik Rückwirkungen auf die Politik. Die militärische Pattsituation führte zu «Stellvertreterkriegen» in der «Dritten Welt» und zu einer Rüstungsspirale bei konventionellen, chemischen und atomaren Waffen. Raketen immer höherer Reichweite wurden mit immer größeren Sprengköpfen bestückt, zur Überwachung des Gegners durch Flugzeuge kam die durch Satelliten.

Die Raumfahrt wurde zum Wettlauf zwischen den USA und der Sowjetunion um die führende Stellung als technologische Macht. Dabei ging es nicht nur um Prestige, sondern auch um die Vorherrschaft im Orbit. Als im Oktober 1957 der kleine Satellit *Sputnik I*, er wog 84 Kilogramm und maß 58 Zentimeter im Durchmesser, seine piepsenden Töne aus dem All sendete, war das der erste Sieg der Sowjets, der die USA in Unruhe versetzte. Und nur einen Monat später kam es noch schlimmer: *Sputnik II* flog noch höher, wog 500 Kilogramm und hatte die Hündin Laika an Bord. Damit wurde erstmals getestet, wie ein Lebewesen auf die Schwerelosigkeit im Weltall reagiert. Dass Laika bereits nach wenigen Stunden den Hitzetod in der Kapsel starb, erfuhr die Welt jedoch erst nach Jahrzehnten. Der sowjetische Ministerpräsident Nikita Chruschtschow verkündete: «Wir können das Gewicht verdoppeln und mehr als verdoppeln, denn die sowjetische Interkontinentalrakete verfügt über eine so hohe Leistung, dass es uns möglich ist, noch schwerere Lasten in noch größere Höhen zu befördern.» Das klang bedrohlich und traf den wunden Punkt, die Sowjets hatten die stärkeren Raketen.

Die Amerikaner konnten Ende Januar 1958 antworten. Mit der von Wernher von Braun entwickelten Rakete *Jupiter C* schossen sie *Explorer I* auf eine Umlaufbahn. Satellit um Satellit ging das Rennen weiter. Im Januar 1961 ließen die USA einen Schimpansen um die Erde fliegen, mussten aber drei Monate später erneut eine Niederlage hinnehmen: Die Sowjets beförderten den ersten Menschen ins All, den Kosmonauten Juri Gagarin. Einmal umkreiste er in seiner Kapsel *Wostok I* den Planeten, landete wohlbehalten in der russischen Taiga und wurde als Held der Sowjetunion gefeiert. Zwar konnten die Amerikaner Anfang Mai ihren Astronauten Alan Shepard ins All katapultieren, doch John F. Kennedy, den jungen Präsidenten, trieb die Ungeduld. Gagarin war kaum gelandet, da rief Kennedy eine Runde von Beratern und Fachleuten zusammen, um die Frage zu erörtern, wie der russische Siegeslauf zu stoppen sei. Am 25. Mai verpflichtete Kennedy die Nation in einer Rede vor dem Kongress auf ein ehrgeiziges Ziel: Vor dem Ende des Jahrzehnts würden die USA einen Menschen zum Mond schicken und ihn sicher zur Erde zurückbringen.

Bevor Kennedy seine Rede hielt, hatte man bei der amerikanischen Weltraumbehörde NASA bereits verschiedene Varianten eines Mondlandeunternehmens diskutiert. Jetzt gab es grünes Licht für das Apollo-Projekt, an dem in den folgenden acht Jahren bis zu 400 000 Mitarbeiter beteiligt waren und das etwa 25 Milliarden Dollar kosten sollte. Am George Marshall Space Flight Center in Huntsville, Alabama, entwickelte Direktor Wernher von Braun mit etwa 5000 Mitarbeitern die leistungsstärkste Rakete, die dreistufige *Saturn V*, ein über 100 Meter hohes Aggregat. Von Braun hatte nie aufgehört, seine Visionen der Weltraumfahrt, der Landung auf dem Mond, dann auf dem Mars, zu verbreiten. Schon in den fünfziger Jahren warb er für bemannte Raumstationen. «Kolumbus des Alls» nannte man nun den deutschen Amerikaner, dessen Weg von der Vergeltungswaffe *V 2* bis zur Mondrakete führte.

Im Dezember 1968 startete die Mission Apollo 8. Das war der erste Flug zum Mond. Nach zehn Umrundungen des Erdtrabanten kehrten die Astronauten zurück. Am 16. Juli 1969 beförderte die *Saturn V* dann *Apollo 11* auf den Weg. Vier Tage später setzte die Mondlandefähre *Eagle* mit Neil Armstrong und Edwin Aldrin im Mare Tranquillitatis, im Meer der Ruhe, auf. Die Apollo-Kapsel mit Michael Collins an Bord zog währenddessen ihre Runden um den Mond. Noch immer herrschte Anspannung, wenige Stunden vor dem Ausstieg der zwei Astronauten. Würden sie von Mikrometeoriten getroffen werden? Was würden ihnen die Protonenstürme aus der Sonne anhaben? Würden sie «mondkrank» werden? Weltweit stellten Fernsehzuschauer ihre Wecker, um live zu erleben, wie am 21. Juli Neil Armstrong als erster Mensch seinen Fuß auf den Mond setzte: «Das ist ein kleiner Schritt für einen Menschen, aber ein großer Schritt für die Menschheit.» Dann schwebten, hüpften und sprangen Armstrong und Aldrin über die Mondoberfläche und erfüllten ihr Arbeitspensum, Hissen der Flagge, Sammeln von Mondgestein, Aufstellen eines Laser-Reflektors. Bald schon drängte die Bodenkontrolle in Houston zur Rückkehr in die Fähre: «Buzz, ihr habt nur noch drei Minuten.» Nach zweieinhalb Stunden schloss sich die Luke der *Eagle* wieder. Ohne Probleme verliefen das Andocken an die Apollo-Kapsel und der Rückflug zur Erde. Mission erfüllt.

Trotz der Faszination des Ereignisses begegnete man der Raumfahrt, insbesondere der bemannten Raumfahrt, mit Skepsis. Brachte sie wirklich Fortschritt, förderte sie wichtige technische Entwicklungen, oder nutzte sie lediglich das, was sich ohnehin vollzog? Die Teflon-Pfanne wurde zum vielzitierten «Abfallprodukt» der Weltraumfahrt. Im Juni 1977 hieß es in der Wochenzeitung «Die Zeit» im Nachruf auf Wernher von Braun: «Gewiss, wir reden noch vom Raumfahrtzeitalter, aber die Raumfahrt selbst, die der geniale Ingenieur Dr. von Braun mit seinen Raketen ermöglicht hat, kommt uns fast anachronistisch vor.» Doch dürfe man nicht vergessen, dass das Unternehmen Mondlandung die Entwicklung neuer Erfindungen in den Bereichen Optik, Elektronik, Computertechnik oder Materialforschung innerhalb kürzester Zeit mit sich brachte: «Nachrichten- und Wettersatelliten, die elektronische Mikrotechnik, neue Kunststoffe und Legierungen mit unglaublichen Eigenschaften, neue Methoden der Nahrungsmittel-Technologie, unzählige technische Neuerungen für den Fahr- und Flugzeugbau, vor allem aber eine nie zuvor gekannte Intensivierung und organisatorische Bündelung der Forschung auf allen Gebieten.»

Diese organisatorische Bündelung war aber nicht nur eine Folge der Raumfahrt, sondern vollzog sich parallel zu ihr. Die durch den Sputnik-Schock ausgelöste Sorge, technologisch in Rückstand zu geraten, veranlasste die USA, neue Forschungsinstitutionen einzurichten, deren Ergebnisse auch militärtechnisch genutzt werden sollten. Die 1958 gegründete Advanced Research Project Agency (ARPA), eine Organisation des US-Verteidigungsministeriums, sollte derlei Projekte koordinieren. Schon seit dem Bau des ENIAC hatten die amerikanischen Verteidigungsexperten einen wachen

Blick für die Bedeutung der Computertechnik. 1962 wurde deshalb zusätzlich das Information Processing Techniques Office (IPTO) ins Leben gerufen. Das ARPANET, 1964 von Paul Baran ersonnen, war ein Vorläufer des Internet. Das Ziel war eine sichere Vernetzung von Computern, ein System, das auch bei Ausfall einiger Geräte weiterhin funktionierte und nicht von einem Zentralrechner abhängig war. In den folgenden Jahren wurde eine Vielzahl von Netzwerken entwickelt, die jedoch nur intern kommunizieren konnten. 1991 entwarf Tim Berners-Lee, Forscher am Genfer CERN, dann eine vereinheitlichende Struktur, die solche Netze verband. Daraus entstand das World Wide Web, das heute unseren Alltag prägt. Als Berners-Lee seine Programmstruktur schuf, standen zudem schon viele Heimcomputer in den Haushalten, die geradezu darauf warteten, vernetzt zu werden.

All das basierte wiederum auf der faszinierenden Geschichte einer Miniaturisierung: Halbleiter (Silizium ist das am häufigsten verwendete Element), deren elektrische Leitfähigkeit zwischen Metallen und Isolatoren liegt, wurden zu den wichtigsten elektronischen Bauteilen, ja geradezu ein neuer «Rohstoff» der technischen Entwicklung im 20. Jahrhundert. Sie zeichnen sich durch nur wenige frei bewegliche Elektronen aus. Fügt man bestimmte andere Elemente hinzu, lässt sich durch diese sogenannte Dotierung ihre Leitfähigkeit beeinflussen, der Stromfluss wird elektrisch steuerbar.

1947 entwickelten drei Forscher von den Bell Telephone Laboratories der US-Telefongesellschaft AT&T – William Shockley, John Bardeen und Walter Brattain – den Transistor. Erfunden wurde er als Ersatz für die elektromechanischen Schalter in den Telefonzentralen, doch er leistete auch das, wozu man bislang Röhren brauchte, er konnte verstärken und schalten, ohne Glaskolben, auf engstem Raum. Karriere machte er zunächst in der Unterhaltungselektronik. Das kleine, mobile Transistorradio verdrängte die großen, schweren Röhrengeräte und ließ die Musik nun auch auf Straßen und Plätzen erschallen. Aber seine ganze Wirkung entfaltete der Transistor, als aus ihm der Mikroprozessor wurde. Jack Kilby, einem Elektronikingenieur aus den USA, fiel auf, dass die Verbindungen zwischen den kleinen Transistoren den meisten Platz beanspruchten, und er sann auf Abhilfe. 1958 führte er den ersten Schaltkreis vor, der Transistoren, Widerstände und Kondensatoren auf einem Stück Silizium vereinte. Im Jahr darauf wurde erstmals die Planartechnik angewandt: Nun wurden fotochemisch die Transistoren auf ein Siliziumplättchen geätzt. Damit war der Weg frei für die Chips, integrierte Schaltkreise auf kleinstem Raum. Zu Beginn der siebziger Jahre präsentierte Intel, eine kleine Elektronikfirma mit zwölf Mitarbeitern, einen programmierbaren Mikroprozessor. Gut dreißig Jahre zuvor hatte Konrad Zuse noch seine Bleche gesägt, jetzt wurde die Steigerung der Leistungsfähigkeit von Computern zum fest einkalkulierten Prozess, zur programmierten digitalen Revolution: Gordon Moore, einer der Intel-Gründer, prophezeite, dass sich die Leistungsfähigkeit der integrierten Schaltkreise kontinuierlich steigern würde, und in der Tat hat sie sich bis heute ungefähr alle 18 Monate verdoppelt. Diese Entwicklung scheint nur durch die Größe der Atome begrenzt, denn die lassen sich nicht verkleinern.

Transistoren und Mikroprozessoren wirkten wie Katalysatoren für neue Erfindungen. Taschenrechner, Fernseher, Auto, Waschmaschine, Handy – alles konnte mit zusätzlichen Funktionen ausgerüstet werden. Die traditionellen Geräte und Maschinen, vom Brenner der Zentralheizung bis zum Motor, wurden durch entsprechende Steuerungsmechanismen sparsamer und leistungsfähiger. Aus Werkzeugmaschinen wurden «intelligente» Arbeitsroboter, die von Generation zu Generation ein neues Niveau der Automatisierung erreichten. Selbst der Mähdrescher, der wie vor dreißig Jahren übers Feld zu fahren scheint, hat heute mehr Computertechnik an Bord als einst die Apollo-Kapsel, er misst permanent die Halmdichte und steuert danach seinen Vortrieb selbst, sein genauer Standort wird per GPS ermittelt und ist in der Betriebszentrale jederzeit abrufbar. Und was der Bauer anbaut und wie seine Ernte voraussichtlich ausfallen wird, wird ebenfalls per Satellit überwacht.

Halbleiter können aber auch der Energieerzeugung dienen. Der lichtelektrische Effekt wird in der Solarzelle aus Halbleitermaterial genutzt, um die Energie des Lichts in Strom zu verwandeln. Wie andere sogenannte erneuerbare Energiequellen – Erdwärme, Biomasse, Wind- oder Wasserkraft – gelten Solarzellen als Hoffnungsträger der Energieerzeugung. Noch sind wir von den fossilen Brennstoffen Kohle, Erdöl und Erdgas abhängig, und auch wenn die Geologen mit immer ausgefeilteren Verfahren nach bisher unbekannten Lagerstätten suchen – irgendwann werden die Vorkommen erschöpft sein, eine Lösung des Problems steht aus. Viele Nationen setzen nach wie vor auf die Atomenergie.

Neben die militärische Nutzung der atomaren Kräfte war schon früh die Hoffnung auf eine zivile Nutzung getreten. Der erste Kernreaktor, der Strom ins Netz lieferte, stand in Windscale in England. Er wurde 1956 in Betrieb genommen – und nach einem Reaktorbrand 1957 in «Sellafield» umbenannt. Auch die zivile Kernkraft brachte eine Politisierung der Technik mit sich, wie sie in dieser Intensität neu war. Die Einsicht in ihre Risiken wuchs, und man fand keine überzeugende Lösung für das Problem, was mit den ausgedienten Brennstäben geschehen soll, die über viele Generationen Radioaktivität freisetzen. Bürgerbewegungen riefen insbesondere seit den achtziger Jahren zum Widerstand gegen die Atomenergie auf, die Umweltbewegung entstand und zog in die Parlamente ein. Als sich 1986 im russischen Kraftwerk Tschernobyl ein Super-GAU ereignete, der Reak-

Symbol der Hoffnung auf eine friedliche Nutzung der Atomkraft: Zur Weltausstellung in Brüssel wurde 1958 das 102 Meter hohe «Atomium» errichtet. Es zeigt eine Eisenkristallstruktur in 165-milliardenfacher Vergrößerung.

tor außer Kontrolle geriet und schließlich explodierte, sahen die Atomkraftgegner ihre schlimmsten Befürchtungen bestätigt. Doch mit dem Aufkommen der Debatten um den globalen Treibhauseffekt mehren sich die Stimmen, die Kernkraftwerke für umweltfreundlicher halten als die Nutzung fossiler Energiequellen; dass sie keine Treibhausgase wie Kohlendioxid erzeugen, wurde zu einem neuen Argument ihrer Befürworter.

Ob in der Raumfahrt, der Computertechnik oder der Energieerzeugung: Die Grenzen zwischen Grundlagenforschung und technischer Anwendung sind im Verlauf des 20. Jahrhunderts immer fließender geworden. Scheinbar hochabstrakte Theorien, mit denen Physiker den Aufbau der Materie und die Vorgänge im Mikrokosmos beschreiben, führen zu technischen Anwendungen. Das gilt auch für das Rastertunnelmikroskop, mit dem es sogar möglich wurde, einen Blick in diese Welt zu werfen.

Schon 1931 hatte der deutsche Elektrotechniker Ernst Ruska das Elektronenmikroskop erdacht und gebaut. Im Prinzip funktionierte es wie ein konventionelles Mikroskop, aber statt Licht- setzte Ruska Elektronenstrahlen ein. Deren viel kürzere Wellenlängen ermöglichten eine bis zu 12 000-fache Vergrößerung. In einem Forschungslabor der IBM bei Zürich arbeitete der Schweizer Physiker Heinrich Rohrer in den siebziger Jahren an einer Weiterentwicklung des Elektronenmikroskops. Er wollte den Tunneleffekt nutzen. So wird ein Phänomen bezeichnet, das es den Modellen der klassischen Physik zufolge gar nicht geben dürfte: Elektronen können von einem Leiter auf den anderen überspringen, wenn die Distanz gering genug ist – die Kluft, die Elektronen durchtunneln können, ist nur in atomaren Abständen messbar. Führt man eine Sonde so dicht an ein zu betrachtendes Objekt heran, dass dieser Effekt hervorgerufen wird, müsste man den dabei entstehenden winzigen Stromfluss registrieren und die Struktur der Oberfläche durch ein bildgebendes Verfahren sichtbar machen können: Diese Idee verfolgte Rohrer, als er 1978 den jungen deutschen Physiker Gerd Binnig kennenlernte, der gerade seine Dissertation zu demselben Thema schrieb. Grund genug, sich zusammenzutun.

Die Sonde war lange das Problem von Rohrer und Binnig. So atomar spitz konnte eine Spitze gar nicht sein! 1978 maßen die dünnsten Spitzen immer noch mehrere Hundert Atomdurchmesser. Dann aber erkannte Binnig, dass die Fühlernadel ruhig zu stumpf sein durfte, die Tunnelung erfolgte ohnehin nur an einem winzigen Punkt, so wurde die Nadel quasi spitzer, als sie eigentlich war. Im Herbst 1982 gibt das Rastertunnelmikroskop zum ersten Mal Bilder. Binnig ist erschüttert: Er sieht Atome! 1986 geht der Nobelpreis für Physik an Ruska, Rohrer und Binnig, für «eine der wichtigsten Erfindungen des 20. Jahrhunderts».

Selbst die Relativitätstheorie ist zur Grundlage technischer Anwendungen geworden. Als Albert Einstein sie zu Beginn des 20. Jahrhunderts formulierte, schienen sich seine Aussagen über Raum und Zeit in Sphären reinster Theorie zu bewegen. Er verblüffte mit Fallbeispielen von Zugreisenden, unterschiedlich gealterten Zwillingen und verstellten Uhren. Anfang des 21. Jahrhunderts aber beruht die Funktionstüchtigkeit des GPS, des Global Positioning System, auf ebendiesen Einsichten. Auf Nanosekunden kommt es an: Die Einstellung der Uhren an Bord der 32 Satelliten des GPS – sie stehen unter der Kontrolle des amerikanischen Militärs – berücksichtigt Einsteins relativistische Effekte. Ohne solche Präzision wäre das System binnen Minuten nicht mehr als eine globale Irritation. So eng korrespondieren heute Grundlagenforschung und technische Anwendungen. Was zum Beispiel die Forscher am Genfer Teilchenbeschleuniger CERN entdecken, findet nicht nur Eingang in Theorien über die Entstehung des Weltalls und die Beschaffenheit der Materie, sondern auch in die Halbleiterforschung und ermöglicht so die fortschreitende Miniaturisierung der Chips. Darüber hinaus werden die Erkenntnisse aus dem «Teilchenzoo» für die Entwicklung neuer Strahlentherapien genutzt, mit denen etwa Krebserkrankungen behandelt werden können. Besonders in der medizinischen Gerätetechnik wie der Kernspintomographie sind Grundlagenforschung und praktische Anwendung eng verzahnt.

Auch in der Biologie wurden Grundlagenforschung und Technik zu zwei Seiten einer Medaille. 1953 war es den Biochemikern James Watson und Francis Crick an der Universität Cambridge gelungen, die Struktur des menschlichen Erbguts zu enträtseln. Sie entdeckten die Doppelhelix des sogenannten DNS-Codes, zwei ineinander verwobene, wie Wendeltreppen geformte Einzelstränge. Jetzt verstand man, wie die Erbinformationen weitergegeben werden: Die Doppelhelix trennt sich auf, und es beginnt eine Art Kopiervorgang.

Die Anfänge der Gentechnik markierte dann ein Versuch des amerikanischen Biochemikers Paul Berg von der Universität Stanford. Er verknüpfte 1972 DNS-Fäden unterschiedlicher Organismen und erzeugte so ein manipuliertes Erbgut. Im Jahr darauf übertrugen Herbert Boyer und Stanley Cohen Gene von einem Bakterium auf ein anderes. So wurde Biologie zur Technik, zur Molekularbiologie, zu einem Feld von Menschen gemachter Innovationen, ausgeführt mit dem Elektronenmikroskop und anderen Instrumenten aus dem Werkzeugkasten der Nanotechnologie.

Der Eingriff in die Zelle ändert die Natur selbst, «korrigiert» ihren Bauplan. Doch was den einen als alle ethischen Grenzen überschreitende Operation gilt, als sündhafte zweite Schöpfung, ist den anderen eher eine Weiterentwicklung oder Simulation dessen, was in der Natur durch zufällige Mutationen ohnehin geschieht. Und die Korrektur der Natur vermag Krankheiten zu heilen, denen wir bislang ohnmächtig ausgeliefert sind. Zwischen den Versprechen der neuen Wissenschaft und ihren Risiken bewegen sich die politischen Debatten über das, was erlaubt sein darf oder verboten werden muss. Enorme wirtschaftliche Interessen verbinden sich damit, der Laie, Patient und Verbraucher sucht nach Orientierung, doch schon die Kennzeichnung gentechnisch veränderter Lebensmittel wird zum umkämpften Problem.

Höhere Erträge und optimale Anpassung an die sich verändernden klimatischen Verhältnisse versprechen die genetisch veränderten Pflanzen. Angesichts des weltweiten Bevölkerungswachstums erscheint das wie der Ausweg aus einer drohenden Hungersnot. Doch Kritiker befürchten eine ungeheure Marktmacht großer Konzerne. Denn die neuen genveränderten Mais-, Getreide- und Reissorten sind «Erfindungen», sie werden patentrechtlich geschützt. In Europa liegt der Anteil der Flächen, auf denen solche Pflanzen angebaut werden, noch unter einem Prozent. Aber über Importe kommen die genveränderten Organismen auch in die EU, etwa durch Futtermittel für die Fleischproduktion.

Höhere Erträge, resistentere Pflanzen einerseits, die Gefahr industrieller Monokulturen und die Verdrängung der Artenvielfalt andererseits, das sind die Hauptargumente der Befürworter und Gegner. In Indien ist die Physikerin Vandanu Shiva die Wortführerin einer Initiative, die dafür sorgen will, dass die traditionellen, natürlichen Reissorten für die Kleinbauern erhalten werden. Seit den neunziger Jahren betreibt die Trägerin des alternativen Nobelpreises eine Samenbank, in der das Saatgut gesichert werden soll. Und im Februar 2008 wurde in Longyearbyen auf Spitzbergen eine Genbank im arktischen Eis eröffnet. Norwegen und ein Treuhandfonds betreiben die Anlage im Permafrost, in der bei minus 18 Grad einmal mehr als vier Millionen Arten von Pflanzen und Saatgut eingelagert sein sollen. Eine Arche Noah im ewigen Eis.

Wohin treibt die technische Entwicklung? Welche Erfindungen erwarten wir? Oder: Welche erwarten uns? Welche Techniken werden erdacht werden, um die Folgen der Technik zu meistern? Und wo stehen wir heute? Vielleicht leben wir in einer Übergangsepoche, in der die Leitwissenschaft der vergangenen zwei Jahrhunderte, die Physik, abgelöst wird durch die aufstrebende Molekularbiologie. Wasser, Energie, Klima und Ernährung lauten die Stichworte, die die Probleme und Herausforderungen der Zukunft bezeichnen.

Deutschland liegt mit jährlich etwa 60 000 erteilten Patenten weltweit hinter den USA und Japan an dritter Stelle. Aber diese beeindruckende Zahl sagt wenig über die «Erfindungshöhe», über die Qualität und Neuerungskraft der Erfindungen, die wir zur Lösung künftiger Probleme brauchen werden. Dass die Lösungen nicht allein aus der Technik kommen werden, das hat das vergangene Jahrhundert wie kein anderes gelehrt.

Über den Autor

Reinhard Osteroth, geboren 1958, lebt als freier Autor und Journalist in Berlin. Der studierte Historiker schreibt regelmäßig für die «Zeit». Kultur- und Technikgeschichte zählen zu den Schwerpunkten seiner Arbeit. 2004 erschien «Ferdinand Porsche. Der Pionier und seine Welt».

Bildnachweis

Bildarchiv Preußischer Kulturbesitz Seite 168; Deutsches Museum München Seite 49, 180; Historisches Archiv Krupp, Essen Seite 144; Bernd Junkers Seite 191; Ullstein Bilderdienst Seite 19, 32, 40, 60, 71, 92, 100, 131, 204, 217; Dr. Horst Zuse Seite 196